目でみる

牧畜世界

――21世紀の地球で共生を探る

シンジルト 編

風響社

The Pastoral World: A Photographic Analysis of Conviviality

Edited by Chimedyn Shinjilt

Printed in Japan 2022 ISBN978- 4-89489-150-0

はじめに

シンジルト

クレヨンで虹を描くように世界地図を指でなぞりながら見ていく。左下の東アフリカから上の中央ユーラシアへ、そして中央ユーラシアから右下の南アメリカへと、扇状の乾燥地帯がひろがっていることが分かる。これこそが牧畜民が暮らす空間である。この空間を舞台にして活躍してきた牧畜民の歴史と文化を紹介するのが、本書である。

多くの読者にとって、牧畜民は教科書でしか出会えない存在であろう。長い間、牧畜民の歴史や文化をめぐる世間一般の認識はかなり素朴なものだった。西洋と東洋を結ぶシルクロード、東西文明の十字路といった具合に、牧畜民の歴史的な位置づけはその外部にある文明の通過点にすぎなかった。また、自然環境に適応した暮らしぶりや家畜に合わせて移動する越境性から、牧畜民はまともな文化を持たないものとみなされ、野蛮や破壊といったマイナスなイメージと結びつけられやすい。

だが今日、学界内では牧畜民をめぐる認識が改められるようになっている。スキタイや匈奴、突厥やモンゴルなど、国家にも民族にも融通無碍である彼ら牧畜民こそユーラシアの歴史を突き動かしたとする研究（杉山正明『遊牧民から見た世界史：民族も国境もこえて』一九九七、日本経済新聞社）や、世界史はモンゴル帝国とともに始まったのであり、中央ユーラシアの草原の牧畜民の活動が、地中海文明と中国文明の運命を変えたとする研究（岡田英弘『世界史の誕生：モンゴルの発展と伝統』一九九九、筑摩書房）が現れた。

そして、グローバル化は何も産業革命や冷戦以降に限られるものではなく、産業革命や大航海時代をさらに遡ったところから既に始まっており、それを促したのがモンゴル帝国の拡張がもたらした、ユーラシア大陸の内陸交通とインド洋における海洋交通の有機的結合、すなわち「一三世紀世界システム」だったとする学説も登場した（ジャネット・L・アブー＝ルゴド『ヨーロッパ覇権以前：もうひとつの世界システム』二〇〇一、佐藤次高他訳、岩波書店）。このように、西洋中心史観や中華中心史観、そして定住民中心史観が揺さぶられつつある。

さらに、牧畜の一形態である遊牧に、西洋近代文明が直面する課題の解決策を見出そうとする識者も増えている。人類学にも多大な影響を与えた思想家ドゥルーズらは、越境性を特徴とする遊牧民の文化や生き方を基にノマドロジーという概念を導入し、定住民の閉塞的な思想や生き方、ひいては権力のくびきから脱走し、境界を横断しながら多様性を生きる可能性を模索する（G・ドゥルーズ／F・ガタリ『千のプラトー』一九九四、宇野邦一他訳、河出書房新社）。

どうやら、遊牧民の暮らしは教科書の中だけに留まる話ではないようだ。彼らは、近代社会を生きる我々にいい影響を与えるヒントを持っているのかもしれない。

では、牧畜民たちが歩んできた真の歴史と、今おかれるリアルな状況をどのように理解すればよいのか。実際、彼らの生き方から何が学べるのか。

本書は、一二人の歴史学者と人類学者が一堂に会して、文字だけではなくフィールドで撮られた写真というメディアを生かし、アフロ・ユーラシア、南アメリカ大陸に暮らす牧畜民と、彼らを取りまく環境が構成する牧畜世界の現在を描く。そして、その世界で醸成されてきたもう一つの共生の論理を見出そうとするものである。

世界の牧畜をめぐる我々の研究成果が、本書を通して多くの人びとのもとへ届くことを祈念する。

目次

はじめに　シンジルト　1

地図＝本書で扱う社会や地域の分布図　4

総説＝世界の牧畜から牧畜世界へ――もう一つの共生を探って　シンジルト　5

フォトコラム＝牧畜民の多様な世界　11

第1部　平原を駆ける

1　ユーラシアの心臓部、天山の山嶺から――牧畜民の来し方、いま、そして行く末は　秋山　徹　22

2　ウマを愛でる歴史――ソ連・ロシアの経験は牧畜をどう変えたのか　井上岳彦　32

3　牧畜民とオスマン朝、そして現代――牧畜の記憶はどう語り継がれ、扱われてきたのか　岩本佳子　44

コラム1＝インド・タール砂漠の暮らしと牧畜――移動民ジョーギーにとって牧畜とは何か　中野歩美　56

第2部　極限に暮らす

4　カザフスタン・小アラル海地域での牧畜――牧畜が災害復興に果たした役割とは何か　地田徹朗　62

5　ヒマラヤでヤクと生きる
——ブータンの高地牧畜民が往来する境界とは　宮本 万里　74
6　山と町を往還する
——グローバル化はアンデス牧畜をいかに変えたか　佃 麻美　86
コラム2＝モンゴルの乳しぼり
——牧畜民と家畜の心は通うか　上村 明　98

第3部　遊牧を生きる

7　トルコ遊牧民ユルックの現在
——いかに、なぜ移動を続けるのか　田村うらら　104
8　ナイル遊牧民のライフヒストリー
——キバシウシツツキはどうやって青年をふたたび立ちあがらせたのか　波佐間逸博　114
9　エチオピア牧畜民の老いの儀礼と豊饒性
——老人式はどのように行われるか　田川 玄　126
10　オイラト、動植物、無生物
——牧畜民的な「共生」とは　シンジルト　136
資料編＝基本語彙解説・関係年表　149
収録写真一覧　160
おわりに　シンジルト　162

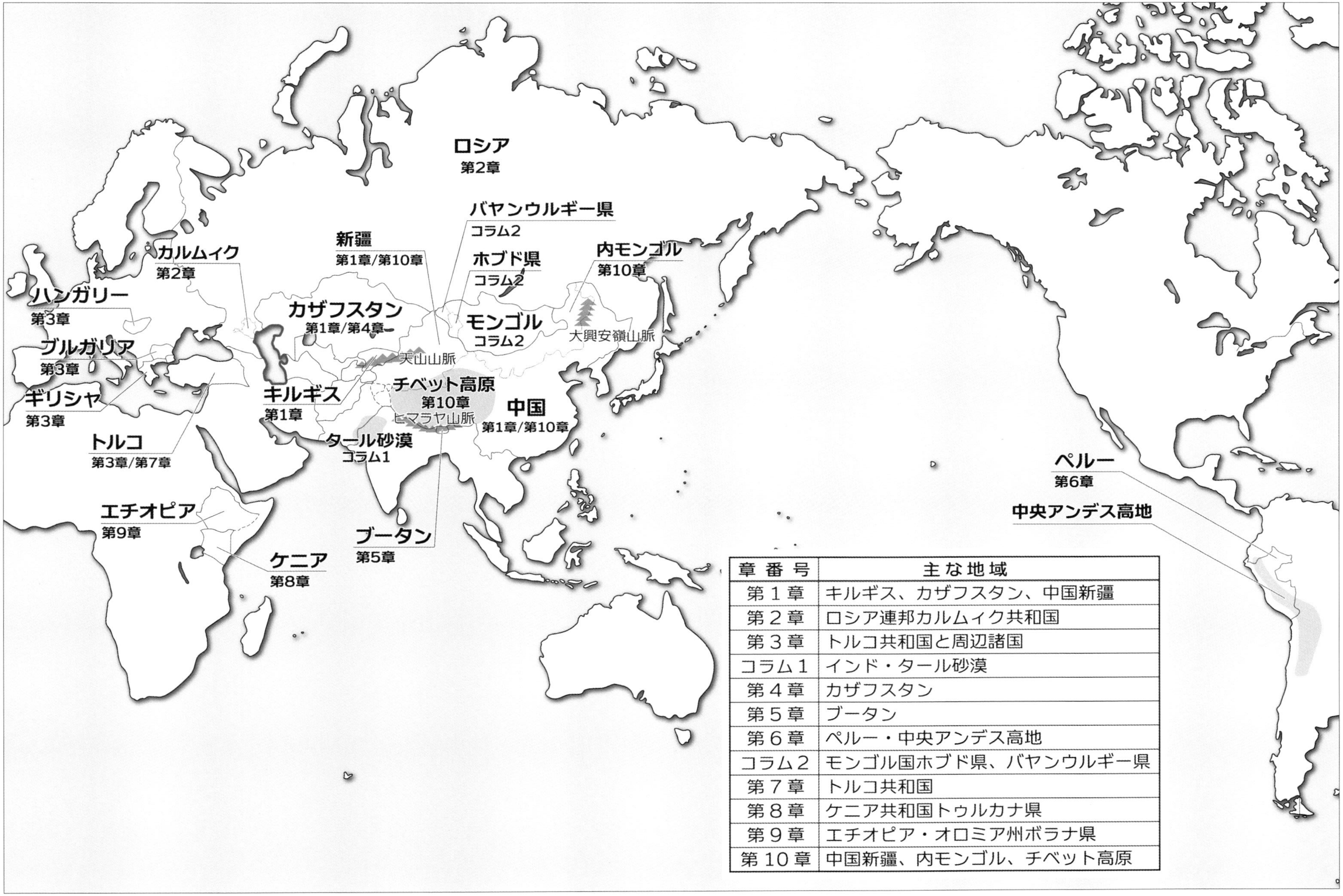

章番号	主な地域
第１章	キルギス、カザフスタン、中国新疆
第２章	ロシア連邦カルムイク共和国
第３章	トルコ共和国と周辺諸国
コラム１	インド・タール砂漠
第４章	カザフスタン
第５章	ブータン
第６章	ペルー・中央アンデス高地
コラム２	モンゴル国ホブド県、バヤンウルギー県
第７章	トルコ共和国
第８章	ケニア共和国トゥルカナ県
第９章	エチオピア・オロミア州ボラナ県
第 10 章	中国新疆、内モンゴル、チベット高原

総説：世界の牧畜から牧畜世界へ
——もう一つの共生を探って

シンジルト

1　牧畜とは何か——定義から指針へ

「はじめに」でも述べたように、多くの読者にとって「牧畜」はなじみのない言葉である。ではそもそも牧畜とは何か。

牧畜社会を長年研究してきた松原正毅によると、漢語由来の「牧畜」の用例は四三二年に成立した『後漢書』にみられ、「飼養された家畜、畜類を飼養すること」という意味で用いられたという。牧畜とよく混用される「遊牧」の用例は一〇六〇年に成立した『新唐書』にみられ、当時のアラビア人の遊牧生活を指示する文脈で用いられた。そして、日本語としては両者ともに明治初期（一八六八年）から使われるようになったという［松原　二〇二一：六—九］。

松原は一貫して「遊牧」という言葉を使い続けてきた。その理由は松原の「起源」への拘りにあった[1]。すなわち牧畜という概念自体、動物の家畜化がなければ成立しないものであり、また牧畜には移動のニュアンスを含まない。歴史的な時系列からいえば、遊牧は牧畜に先行している可能性が強いと推論したからだ［松原　一九八三、二〇二一：九—一〇］。

そして松原は遊牧を次のように定義した。遊牧は人類の生活様式のひとつで、群居性を有する有蹄類を群れとして管理し、そこから産出する毛・皮・乳・肉などを基盤に移動性に富んだ暮らしをおくるものである。そしてこの生活様式は、野生の有蹄類の群れに追随しながら狩猟をおこなう状況に、搾乳と去勢の技術が付加されることによって成立したとする［松原　二〇〇四］。まさにこれは起源を強く意識した定義であり、狩猟生活に搾乳と去勢という二つの要素を加えることで遊牧が誕生したというわけである。

他方、農耕からの影響の濃淡を視野に入れながら、世界の牧畜を五つの基本型に分類したのが、ソ連の歴史学者・人類学者のハザノフである。彼は、定住イコール農耕、移動イコール牧畜という認識に基づいて、農耕の影響が全くない型を「本来的な遊牧」、最も強く受ける型を「家畜の定住飼育」と名付けた。さらに、両者の間に三つのグラデーションがあるとした［Khazanov 1994］。

だが、上記の定義や分類は旧大陸寄りで、新大陸には通用しないのではと疑問視したのが稲村哲也だ。定住的で、搾乳しないアンデス牧畜の存在を提示した稲村は、牧畜をめぐる旧大陸の研究常識を覆した。さらに、「チャク」という追い込み猟を取り上げ、野生動物の毛は刈るがそれ自体を殺さないという猟の特性に着目し、殺す狩猟／生かす牧畜という二分法の再考を促した［稲村　一九九五、二〇一四］。

稲村は牧畜の起源に固執せず、牧畜イコール移動という固定観念にも縛られることなく、実情に応じてモンゴルやチベット高原における水平移動を「遊牧」（フォトコラム写真3〈以下フォトコラムは略す〉）、ブータンなどヒマラヤ山脈における上下移動を「移牧」（写真4）、アンデス高地の定住的な牧畜を「定牧」（写真5・6・7）などと名付け、牧畜の多様性を体系化した［稲村　二〇一四］。

さて、本書の関心はといえば、起源を問うことにはない。分析用語として「牧畜（民）」という語を使いながら、牧畜の一形態として遊牧や移牧そして定牧なども用いる。また、牧畜民以外に、遊牧民や牧童そして牧夫といった言葉も使う。語用は執筆者に委ねた。文化人類学者の浜本満はかつて、「人類学にとって『文化』という概念は、明確な対象を指す概念であるというよりは、その探求の指針のようなもの」だと指摘したことがある［浜本　二〇〇八］が、本書における「牧畜」も、我々執筆者一二人にとって探求の指針となるわけである。

2　世界の牧畜から牧畜世界へ——多様性と共通性

牧畜の起源を探求することから、やがて歴史学や文化人類学の関心は、植民地支配や国民統合に伴う社会変動、適応などの側面に向けられ、地域的にもアフリカ大陸やユーラシア大陸そして南アメリカ大陸まで幅広く展開されていくこととなった[2]。結果、世界の牧畜の多様性の解明に繋がっていった。

そんな中から、例えば南西アジア牧畜地域を調査したバルトは、牧畜民個人がいかに集団の境界を越えているかに着目し、今日のエスニシティ研究をけん引するような境界理論を打ち出した［Barth 1959; 1969］。また、東アフリカで個性的な牧畜民と交流したエヴァンズ＝プリチャードは、人類学は自然科学の模倣をせず、歴史的視点を導入すべきだと、人文主義宣言をした［エヴァンズ＝プリチャード　一九七八、一九八二、一九八五、内堀　一九八五］。さらに人類学者ゲルナーは、歴史学と人類学を統合し、近代ナショナリズムとは異なる、想像力に基づいたマグリブ牧畜民の部族主義の在り方を明らかにした［Gellner 1969、ゲルナー　一九九一、二〇〇〇］。

彼らの貢献は人類学に留まらず、人文学全体に及ぶものだった。それは、彼らが牧畜という「生業のエートス」［松井　二〇一一］に触れ、「牧畜世界」をつかんだことと無関係ではないだろう。後続する牧畜研究者も本来ならばこうした方向性を共有すべきであった。しかし、構築主義が優勢となった一九八〇年以降においては、「〇〇のエートス」「〇〇世界」といった表現は、即座に本質主義者と見なされ批判された。批判を避けるため、牧畜研究に携わる多くの人類学者は地域的な個別研究に甘んじて留まることとなった。

文化人類学は、非西洋社会の研究から得られた知見で西洋そのものを相対化し、さらに人間とは何かを解明することで、人間の共生を見出すことをその究極の目標としてきた。それは、進化主義から機能主義や構造主義を経て象徴主義に至るまで隣接学問分野に影響を与えてきたが、常に自文化を相対化することを学問の出発点としてきたといえる。

しかし、実は象徴主義までの人類学は、「文化・社会」対「自然・身体」という西洋的な二元論を暗黙の前提としたうえで、自律的な全体としての前者が後者を構築していくと措定してきたのだ。こうした、「文化・社会」が「自然・身体」を構築しているという構築主義的なアプローチでは、世界の諸民族のさまざまな自然観も、すべてその文化・社会特有の象徴的世界観にとどまる。その意味で、構築主義的人類学は、やはり二元論的思考にからめとられている譏りを免れなかったのだった［箭内　二〇一八］。

二元論を当然の前提としない人類学的なアプローチが現れたのは一九九〇年代以降である。それはフィリップ・デスコラやエドゥアルド・ヴィヴェイロス・デ・カストロなどに代表される、存在論的人類学ともいわれるような新しいアプローチである［Descola 1996、デスコラ　二〇二〇、Viveiros de Castro 1998、ヴィヴェイロス・デ・カストロ　二〇一五］。既存の人類学に対する反省から生まれた存在論的人類学は、他者を他者とそれを取り巻く環境との関わり合いの中で位置づけ、多様な人間性の理解を重視する。このアプローチによって、人類学の本来あるべき姿を回復した点は大いに評価されるべきであろう。こうして、近代科学の世界観あるいは自然観を、そのまま現実理解の総括的・最終的枠組みとしてしまう考え方に反省が促されることになった［シンジルト　二〇二一］。

存在論的人類学の影響を受けて、二〇〇七年にケンブリッジ大学モンゴル・内陸アジア研究ユニットが主体となり、雑誌『内陸アジア』に「内陸アジアのパースペクティズム」という特集を組んだ。牧畜研究にヴィヴェイロス・デ・カストロの理論を導入した［Pedersen, Morten A., E. Rebecca and C. Humphrey 2007］わけだが、こうした流れを組む牧畜研究者たちの成果は、近年、人文社会学の領域で広く知られるようになっている。

動物行動学出身でモンゴルの牧畜も研究しているファインは、マルチスピーシーズ（複数種）人類学的な視点から、映像を駆使して牧畜民と馬などの家畜との共存（Coexistence）関係を描きだしている［Fijn 2011］。社会人類学者ステパノフらは、社会科学、考古学、生物学的なアプローチを融合させ、動植物種に対する人間の一方的な飼いならしから「ドメスティケーション」を捉え直し、複数種が共生する状況を、「コミュニティ」という概念を積極的に拡張して表現している。

対比的な言い方をすると、生態学におけるコミュニティは自然環境や空間で相互作用する種同士の組み合わせを意味するが、そこから人間という種は排除されている。他方、社会科学におけるコミュニティは人間集団のみを指しており、そこから人間以外のあらゆる種は排除されてきた。こうした反省に立ち、ステパノフらは、南シベリアに暮らす牧畜民トゥヴァたちの民俗概念を基に、人間・植物・動物の複数種が協働しあう「ハイブリッド・コミュニティ」という包括的な概念を提唱している［Stépanoff and Vigne 2018］。

むろん、こうした流れはユーラシア大陸の牧畜世界に限ったことではなく、アフリカ大陸牧畜民においてもみられる。生態人類学者の波佐間逸博によれば、東ナイル系牧畜民社会の日常性の基層を構成しているのは、「家畜と牧畜民の共生的関係（co-living）」であるという。そして、その共生的関係は、家畜に対する信頼に基づき養育するという牧畜民の欲望と、養育される他者としての家畜の欲望それぞれの充足が伴い、はじめて可能になっているのだと考察する［波佐間　二〇一五：二五四］（写真8・9）。さらに波佐間は、「動物との共生が牧畜民のセンスに磨きをかけ、人間との共生を形作っている」と指摘し、「ナイル牧畜民はなぜ敵を助けるのか」というラディカルな問いに答えている［波佐間　二〇二一：二〇六］。

ここでいう「家畜と牧畜民の共生的関係」とは、どこかからの借用ではなく、東アフリカ牧畜地域での長期参与観察によってしかアクセスできない、「実生活の不可量部分」［マリノフスキ　二〇一〇］、すなわち、文字化も数値化もできない「現象」を表す表現である。

これらの指摘から分かるのは、牧畜社会において人間は絶対的な主体とはなりえず、人間と、家畜や草原などといった人間ならざるものとが、相互作用しながら一つの「世界」を織りなしているということである（写真10）。この世界とは、まさに前述した「牧畜世界」なのである。

3　牧畜世界を目でみる——共生の探求と方法

既述したように、「牧畜世界」には「共生」のメカニズムが備わっている。しかし、そこでいう「共生」は人間を主体として生成されたものではない。むしろ人間の外にある、人間と人間ならざるものとの関係網において結晶化したものである。人間同士の共生は、関係網から生み出された多様な共生の一形態に過ぎない。関係網は原因で共生は結果であり、関係網が変異すると共生は崩れる。ここでいう「共生」は、人間同士の共生にもっぱら特化してきた日本などの先進国で提唱される、多文化共生の教科書に登場するような共生とはやや趣を異にしている。

日本で初めての「共生学」という語をタイトルに掲げた『共生学が創る世界』［河森ほか　二〇一六］というテキストは、「共生学」を英訳せず、「Kyosei studies」とした。そもそも日本語の「共生」は、浄土宗の流れにあった「共生（ともいき）」の考え方から出てきたからだという［竹村・松尾　二〇〇六］。そのうえで、共生とは「民族、言語、宗教、国籍、地域、ジェンダー、セクシュアリティ、世代、病気、障害等をふくむ、さまざまな違いを有する人々が、それぞれの文化やアイデンティティの多元性を互いに認め合い、対等な関係を築きながら、ともに生きること」と定義する［河森ほか　二〇一六：四］。しかし、この定義も共生をまだ人間界に限定している。

一方、このテキストでは実例の一つとして、『敵』との共存」［栗本　二〇一六］という章でアフリカの牧畜社会における共生を取り上げている。「敵」との共生などは日本ではまず考えられないユニークな例である。それは、敵対集団の間で紛争があっても、敵側陣営の友人を殺さない事例なのだが、それは個人の選択が集団に優先するからだと著者は考察する。ところが、この個人の選択が優先するのは、たまたまアフリカの牧畜民がそうだったのか。それとも別の何らかの規範に従っているのか。その答えを著者は明言していないのだ。

これは、我々にとっても課題となる。同じアフリカ牧畜民に関する波佐間の議論で指摘したように、人間同士や人間と家畜との共生的関係は、互いに連動しながら牧畜世界を構成している。あるいはマリノフスキーの表現でいえば、牧畜社会の「不可量部分」の一環を成している。我々にとっての課題は、いかにその「不可量部分」を読者に提示することができるかである。

人類学者の箭内匡は、マリノフスキーを引用しながら「不可量部分」を次のように整理する。それは例えば、平日のありふれた出来事、身じたく、料理や食事の方法、人々のあいだの強い敵意や友情、共感や嫌悪、個人的な虚栄と野心などが、個人の行動にどのように現れ、彼の周囲の人々にどのような気持ちの反応を与えるかという、微妙な、しかし、取り違えようのない現象である。このような一つ一つの行為や気持ちの重さは微小であり、ほとんど取るに足らないが、その微小なものの積み重ねは、確かに重要な意味を持つ。それを、マリノフスキーは「不可量部分」だと理論化したのだ［箭内　二〇一八：四七—四八］。

しかし一方で、こうしたこまごましたものを文字で伝えることには限界がある。文章の制約を乗り越えるには、文字から自由である「民族誌映像（写真、映画、ビデオ）」は有力な方法である。「不可量部分」を捉えようとして、フィルムさえ貴重だった二〇世紀初頭に、マリノフスキーは計画的に一千枚以上もの写真を撮影し、それらの写真は彼らの著作の分析（科学的）と表現（芸術的）の両面において重要な役割を果たした［箭内　二〇〇八：二〇一八］。

人類学者のベイトソンらは、バリ島における調査で二万五〇〇〇枚もの写真を撮影し、一九四二年に『バリ島人の性格：写真映像による分析』というタイトルで、映像と記述を組み合わせた民族誌を刊行した。生態・経済・社会・芸術・宗教・身体など一〇〇のテーマに七五九枚の写真が収められ、全体としてのバリ文化の性格が写真の分析から浮かび上がるように構成されている。民族誌写真で表現するというベイトソンらのこの方法は、民族誌映画とあわせて映像人類学の金字塔となった［宮坂　一九八五：三八二］。

ベイトソンらは自著を次のように位置付ける。「これはバリ島の習慣についての本ではなくバリ島人についての本である。バリ島人が、生きた人間として動き、地面に立ち、食べ、眠り、踊り、トランスに入りながら、私たちが（抽象化をした後で）厳密な意味で文化と呼ぶ抽象概念を、どう具体化しているかを書いたものである」［ベイトソンとミード　二〇〇一：一〇］。

写真　バランスを崩したカザフ人の馬車を押し上げるオイラト人青年たち（中国新疆ジョウソ県、2015/03/03、シンジルト）

抽象的な習慣や文化とは距離をおきながら、ベイトソンらが強調したかったのは具体化であった。つまり、動きや眠りなど身体的な取るに足らないことである。これこそマリノフスキーの提唱した「不可量部分」に繋がるものではないだろうか。両者は図らずも人類学の方向性と方法を共有していたのだ。

本書もまた、こうした先人たちに学び、数ある表現方法の中から民族誌写真を選んだ。民族誌写真を通じて牧畜社会の「不可量部分」にアクセスし、牧畜の伝統を持たない日本において牧畜民的な共生のありかたを可視化していく、それが本書の目指すものである。

注

（1）起源に拘る牧畜研究者は松原だけではなく、牧畜文化研究の基礎を築いた今西錦司［一九九五］、梅棹忠夫［一九七六］、谷泰［二〇一〇］なども同様だ。松井健も少し違った角度から起源論を展開した［一九八九］。

（2）本文で扱った文献以外、アフリカについては［湖中　二〇〇六、佐川　二〇一一、楠　二〇一九、太田　二〇二一］、ユーラシアについては［佐口　一九六六、谷　一九七六、Ingold 1980、葛野　一九九〇、Khodarkovsky 1992、宮脇　一九九五、小長谷　一九九六、Humphrey C. and D. Sneath 1999、Sneath 2000, 2007、松井　一九九七、二〇〇〇、二〇一一、高倉　二〇〇〇、二〇一二、シンジルト　二〇〇三、吉田　二〇〇三、風戸　二〇〇九、野田　二〇一一、小沼　二〇一四、秋山　二〇一六、岩本　二〇一九、尾崎　二〇一九］、南米については［稲村　一九九五］などが挙げられよう。

引用文献

秋山　徹
　二〇一六　『遊牧英雄とロシア帝国：あるクルグズ首領の軌跡』東京大学出版会。
稲村哲也
　一九九五　『リャマとアルパカ：アンデスの先住民社会と牧畜文化』花伝社。
　二〇一四　『遊牧・移牧・定牧：モンゴル・チベット・ヒマラヤ・アンデスのフィールドから』ナカニシヤ出版。
今西錦司
　一九九五　『遊牧論そのほか』平凡社。
岩本佳子
　二〇一九　『帝国と遊牧民：近世オスマン朝の視座より』京都大学学術出版会。
ヴィヴェイロス・デ・カストロ、E

二〇一五『食人の形而上学』檜垣立哉・山崎吾郎訳、洛北出版。
内堀基光
一九八五「エヴァンズ＝プリチャード：文化と意味の翻訳者」綾部恒雄編著『文化人類学群像〈一〉外国編①』アカデミア出版会、三四九―三六五。
梅棹忠夫
一九七六『狩猟と遊牧の世界』東京：講談社。
エヴァンズ＝プリチャード、E・E
一九七八『ヌアー族：ナイル系一民族の生業形態と政治制度の調査記録』向井元子訳、岩波書店。
一九八二『ヌアー族の宗教』向井元子訳、岩波書店。
一九八五『ヌアー族の親族と結婚』長島信弘・向井元子訳、岩波書店。
太田　至
二〇二二『交渉に生を賭ける：東アフリカ牧畜民の生活世界』京都大学学術出版会。
尾崎孝宏
二〇一九『現代モンゴルの牧畜戦略：体制変動と自然災害の比較民族誌』風響社。
風戸真理
二〇〇九『現代モンゴル遊牧民の民族誌：ポスト社会主義を生きる』世界思想社。
小沼孝博
二〇一四『清と中央アジア草原：遊牧民の世界から帝国の辺境へ』東京大学出版会。
河森正人・栗本英世・志水宏吉
二〇一六「共生学は何をめざすか」河森正人・栗本英世・志水宏吉編『共生学が創る世界』大阪大学出版会、一―一六。
楠　和樹
二〇一九『アフリカ・サバンナの〈現在史〉：人類学がみたケニア牧畜民の統治と抵抗の系譜』昭和堂。
葛野浩昭
一九九〇『トナカイの社会誌：北緯七〇度の放牧者たち』河合出版。
栗本英世
二〇一六「『敵』との共存：人類学的考察」河森正人・栗本英世・志水宏吉編『共生学が創る世界』大阪大学出版会、一〇五―一一八。
ゲルナー、E
一九九一『イスラム社会』宮治美江子ほか訳、紀伊國屋書店。
二〇〇〇『民族とナショナリズム』加藤節監訳、岩波書店。
小長谷有紀
一九九六『モンゴル草原の生活世界』朝日新聞社。
湖中真哉
二〇〇六『牧畜二重経済の人類学：ケニア・サンブルの民族誌的研究』世界思想社。
佐川　徹
二〇一一『暴力と歓待の民族誌：東アフリカ牧畜社会の戦争と平和』昭和堂。
佐口　透
一九六六『ロシアとアジア草原』吉川弘文館。
シンジルト
二〇〇三『民族の語りの文法：中国青海省モンゴル族の日常・紛争・教育』風響社。
二〇二一『オイラトの民族誌：内陸アジア牧畜社会におけるエコロジーとエスニシティ』明石書店。
高倉浩樹
二〇〇〇『社会主義の民族誌：シベリア・トナカイ飼育の風景』東京都立大学出版会。
二〇一二『極北の牧畜民サハ：進化とミクロ適応をめぐるシベリア民族誌』昭和堂。
竹村牧男、松尾友矩
二〇〇六『共生のかたち：「共生学」の構築をめざして』誠信書房。
谷　泰
一九七六『牧夫フランチェスコの一日：イタリア中部山村生活誌』日本放送出版協会。
二〇一〇『牧夫の誕生：羊・山羊の家畜化の開始とその展開』岩波書店。
デスコラ、P
二〇二〇『自然と文化を越えて』小林徹訳、水声社。
野田　仁
二〇一一『露清帝国とカザフ＝ハン国』東京大学出版会。
波佐間逸博
二〇一五『牧畜世界の共生論理：カリモジョンとドドスの民族誌』京都大学学術出版会。
二〇二一「ナイル牧畜民はなぜ敵を助けるのか？：動物といのち」シンジルト・地田徹朗編『牧畜を人文学する』名古屋外国語大学出版会、二〇六―二二七。
浜本　満
二〇〇八「文化の概念：個々の習慣や行動のしかたの違いの背後になにがあるのか」山下晋司・船曳建夫編『文化人類学キーワード 改訂版』有斐閣、八二―八三。
ベイトソン・グレゴリー、マーガレット・ミード
二〇〇一『バリ島人の性格：写真映像による分析』外山昇訳、国文社。
松井　健
一九八九『セミ・ドメスティケイション：農耕と遊牧の起源再考』海鳴社。
一九九七『自然の文化人類学』東京大学出版会。
二〇〇〇『遊牧という文化：移動の生活戦略』吉川弘文館。
二〇一一『西南アジアの砂漠文化：生業のエートスから争乱の現在へ』人文書院。
松原正毅
一九八三『遊牧の世界：トルコ系遊牧民ユルックの民族誌から』（上、下）中央公論新社。
二〇〇四『遊牧の世界：トルコ系遊牧民ユルックの民族誌から』（上、下）小松和彦ほか編『文化人類学文献事典』弘文堂、六二三。
二〇二一『遊牧の人類史：構造とその起源』岩波書店。
マリノフスキ、B
二〇一〇『西太平洋の遠洋航海者：メラネシアのニューギニア諸島における、住民たちの

事業と冒険の報告』増田義郎訳、講談社。

宮坂敬造
一九八五 「ベイトソン：精神の生態学にむけての人類学的足跡」綾部恒雄編著『文化人類学群像〈一〉外国編①』アカデミア出版会 三六八―三九〇。

宮脇淳子
一九九五 『最後の遊牧帝国：ジューンガル部の興亡』講談社。

箭内 匡
二〇一八 『イメージの人類学』せりか書房。

吉田 睦
二〇〇三 『トナカイ牧畜民の食の文化・社会誌：西シベリア・ツンドラ・ネネツの生業と食の比較文化』彩流社。

Barth, F.
1959 *Political Leadership among Swat Pathans*. University of London, Athlone Press.
1969 'Introduction', in Fredrik Barth (ed), *Ethnic Groups and Boundaries: The Social Organisation of Culture Difference*. Bergen: Universitetsforlaget, pp.9-38.

Descola, P.
1996 Constructing natures: symbolic ecology and social practice, in P. Descola & G. Pálsson (eds), *Nature and Society: Anthropological Perspectives*, Routledge, pp.82-102.

Fijn, N.
2011 *Living With Herds: Human-Animal Coexistence in Mongolia*, Cambridge: Cambridge University Press.

Gellner, E.
1969 *Saints of the Atlas*, University of Chicago Press.

Humphrey, C. and D. Sneath
1999 *T he End of Nomadism?: Society, State and the Environment in Inner Asia,* Duke University Press.

Ingold, T.
1980 *Hunters pastoralists and ranchers: Reindeer economies and their transformations*, Cambridge University Press.

Khazanov, A. M.
1994 *Nomads and the Outside World*, Julia Crookenden (tr.), The University of Wisconsin Press.

Khodarkovsky, M.
1992 *Where Two Worlds Met: The Russian State and the Kalmyk Nomads, 1600–1771*, Ithaca: Cornell University Press.

Pedersen, Morten A., E. Rebecca, and C. Humphrey
2007 'Editorial Introduction: Inner Asian Perspectivisms,' *Inner Asia* 9(2), Special Issue: Perspectivism: 141-152.

Sneath, D.
2000 *Changing Inner Mongolia: Pastoral Mongolian Society and the Chinese State*, Oxford University Press.
2007 *The Headless State: Aristocratic Orders, Kinship Society, and Misrepresentations of Nomadic Inner Asia*, Columbia University Press.

Stépanoff, Charles and Jean-Denis Vigne
2018 'Introduction', in Charles Stépanoff and Jean-Denis Vigne (eds), *Hybrid Communities: Biosocial Approaches to Domestication and Other-Species Relationships*, Routledge, pp.1-20.

Viveiros de Castro, E.B.
1998 Cosmological Deixis and Ameridian perspectivism, *Journal of the Royal Anthropological Institute* 4: 469-488.

フォトコラム

牧畜民の多様な世界

写真２　マナス像。マナスは中央アジアのキルギスに伝わる同名の英雄叙事詩の主人公であり、現代キルギス国家の統合のシンボルとして位置づけられている（キルギス共和国ビシュケク市、2015/03/03、秋山徹）

写真１（前頁）　バダンジリン砂漠。南北はチベット高原とモンゴル高原、東西は漢語世界とチュルク語世界を結ぶ広大な砂漠。内陸アジアのゾミア（大陸部東南アジアで、歴史的に国家の支配が困難だった巨大な山塊）である（中国内モンゴル自治区アラシャ右旗、2014/08/22、シンジルト）

写真3　デルベト族の女性騎馬集団。牧畜社会において女性は常に主体的な存在である。17 世紀にジューンガル盆地からヴォルガ川流域に移住してきたオイラト系デルベト族の女性たちの姿（場所不明、1935、撮影者不明、ロシア連邦カルムィク共和国民族公文書館所蔵）

写真４　森から定住村へ薪を運ぶゾとゾモ。ヒマラヤ山脈に位置するブータンの牧畜民たちは、季節に応じて垂直的な移動を繰り返し移牧を行う（ブータン・タシガン県、2014/06/16、宮本万里）

写真5　放牧中、家畜を見守りながら糸を紡ぐアンデスの女性。アンデス牧畜地域では日帰り放牧を女性が担うことも多い
（ペルー共和国クスコ県、2010/03/23、佃麻美）

写真6　荷駄獣であるリャマ。道路網が整備された現在でも、リャマは道路から奥まった放牧地に物を運ぶ際などには使われることがある（ペルー共和国クスコ県、2017/01/04、佃麻美）

写真7　アルパカの野生祖先種ビクーニャ。アンデス高地は家畜とその野生祖先種が共存する稀有な地域だ。ビクーニャはアルパカ以上に良質な毛をもっている（ペルー共和国クスコ県、2017/02/03、佃麻美）

写真8　ウシの出産を介助する牧童。母ウシの目線の先に、陣痛の波に合わせ、全身全霊をこめて産児をひっぱりだそうとする牧童の姿。
人との触れ合いは、母体から外へ出た瞬間からはじまっている（ウガンダ共和国モロト県、2005/03/19、波佐間逸博）

写真9　容赦のない日ざしの中でかすかな旋律を口ずさみながら、砂底から染み出す水をリズミカルにくみあげ、ラクダに飲ませる女性。ラクダの唇からふりそそぐ水をあびる人――トゥルカナはそのシャワーを大地の祝福と呼ぶ（ケニア共和国トゥルカナ県、2018/08/31、波佐間逸博）

写真 10　オボーをめぐる。土地の神を祭るオボーという石の高台の前を通る際に、オイラトの牧畜民たちは馬や自動車から降りて、その周りを時計回りに歩き、お酒などを捧げ、大地から幸運（ケシゲ）をもらうのである（中国新疆ホボクサイル・モンゴル自治県、2010/08/28、シンジルト）

写真11　チベット牧畜民の屠畜の流儀。人びとはまず時間をかけて家畜を窒息させ、知覚を失ったと判断した時点で、はじめてナイフを入れて屠る。残忍にみえる「窒息」は、実は入刀に伴う痛みを家畜に感じさせないための配慮である（中国青海省河南蒙旗、2014/08/01、シンジルト）

第1部　平原を駆ける

1　ユーラシアの心臓部、天山の山嶺から
――牧畜民の来し方、いま、そして行く末は

秋山　徹

↓写真1　天山山脈は、東は中国新疆から西はキルギス共和国まで、約2500キロにわたって延びる山系である（キルギス共和国ビシュケク市上空、2011/03/01、筆者撮影）〈以下、モノクロ資料を除く、撮影者はすべて同じ〉

山が好きだ。山にまつわる思い出を書き出せば切りがないが、なかでも特別な位置を占めるのが天山山脈だ（写真1）。初めての出会いから四半世紀が経った現在でも、その威容と奥深さに圧倒されつづけている。そして何より、天山は私にとって「飯の種」でもある。この業界の片隅で好きなことを考えたり書いたりできるのも、ひとえに天山のおかげなのであり、「育ての親」といっても過言ではない。

ところで、天山に育まれたのは、しがない日本人研究者だけではない。いにしえより天山は牧畜民揺籃の地であった。小文は、天山に生きてきた牧畜民――キルギス、カザフ――の歴史について、写真を交えながら振り返るものである。あらかじめ断っておくと、私の研究のベースは文献史学であり、生業の現場に肉薄する人類学者ではない。だが、日がな一日文書館の閲覧室に籠る日々が続くと、街をふらっと抜け出して、「現場」を見に行きたくなるものだ。小文で使用する写真の大半は、そうした際に、いわば気まぐれに撮影されたものである。

写真2　峠を越えると盆地が広がる。天山山中の旅はこの繰り返しだ（キルギス共和国ナリン州、2012/08/05）

古代遊牧帝国の爪痕

前置きはこれくらいにして、山中へ分け入ってみよう。印象に深く刻まれるのは、山あいに広がる、すり鉢状の大小の盆地である（写真2）。それらはただの盆地ではない。そこに立ってみると、豊かな牧草に覆われていることが一目瞭然だ。馬群をはじめ家畜を養うために必要不可欠な良質の放牧地と、四方を急峻な山に囲まれた天然の要害――なるほど、歴代の牧畜民のリーダーたちが拠点にしようとしたのがいたくうなずける。じっさいに、天山山中には古代遊牧帝国の痕跡がいたるところに残っている。なかでも人気が高かったのが、イリ川上流部に位置する草原地帯であり（写真9）、現在でも突厥時代の石人像が旅人を迎えてくれる（写真10）。突厥はもとより、一八世紀のジュンガルにいたるまで、歴史上、さまざまな牧畜民政権がこの地を拠点に大きな勢力を誇った。

ロシア統治の舞台裏を支える

近代に入ると、牧畜民が優勢な時代は終わりを告げる。一八世紀から一九世紀以降、天山の主となったのはロシアならびに清の二大帝国である。ロシア帝国が天山への進出を本格化させるのは一九世紀中期以降である。それまでにカザフ草原を手中にしたロシアの次なるターゲットは、定住オアシス地域を拠点に展開する、コーカンド・ハン国をはじめとするムスリム政権であった。両者のあいだに立ちはだかっていたのが天山であり、そこを拠点とするのがキルギス、カザフであった。なかんずくキルギスは尚武の気風が高い山岳牧畜民として知られ、ロシア人をして「戦闘的な民」と言わしめた。現在に至るまでキルギス人に語り伝わる有名な英雄叙事詩『マナス』が象徴するように（写真11）、キルギス人の部族集団は概して勇敢な武人タイプのリーダーによって率いられていた。言うまでもなく、そうしたリーダーのまわりには勇敢な親兵はもとより（写真3）、さまざまな情報も集まったのであり、征服活動を進展させる上でロシアがそれを活用しない手はなかった。征服後、統治に当たったのはロシア軍人であったが（写真12）、彼らが天山の山襞に深く分け入ることは到底不可能であった。彼らが書いた上官への報告書を読んでいると、山岳地帯の統治のむずかしさをぼやくくだりに一度ならず出くわすが、じっさいに山のなかに入ってみると、途方に暮れたくなる彼らの気持ち

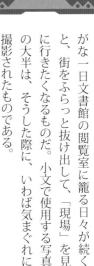

写真3　キルギス人戦士（1850年代半ば）（プロスキーフ、V.M.編『キルギス社会主義共和史：古代から現代まで全5巻』第1巻、フルンゼ、1984年）

写真4　1883年にモスクワで開催されたアレクサンドル3世の戴冠式に派遣されたカザフ人、キルギス人のリーダーたち（カザフスタン共和国国立写真映像音響資料館蔵）

がよくわかる（写真13）。実質上、ロシアは部族のリーダーたちを介して牧畜民の統治を行なった（写真4）。

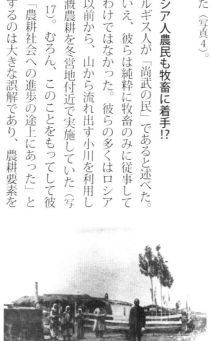

ロシア人農民も牧畜に着手!?

キルギス人が「尚武の民」であると述べた。とはいえ、彼らは純粋に牧畜のみに従事していたわけではなかった。彼らの多くはロシア支配以前から、山から流れ出す小川を利用した灌漑農耕を冬営地付近で実施していた（写真14・17）。むろん、このことをもってして彼らが「農耕社会への進歩の途上にあった」と判断するのは大きな誤解であり、農耕要素を含んだ柔軟な牧畜経営として理解する必要がある。だが、いずれにせよ、こうした状況を目の当たりにし、農業入植の可能性を察知したロシアは、一九世紀末から二〇世紀初頭にかけてロシア人農民の入植を本格的に開始する。その際、ロシアの念頭にあったのは、ロシア人農民を媒介にした牧畜民の「文明化」やロシア化であったが、思うほど簡単に事は運ばなかった。皮肉にも、入植したロシア人農民のなかには、農耕よりかはむしろ、牧畜に従事し始める者も少なからずおり、牧畜民とのあいだに「友」の契りを結ぶ者さえあったという。ロシア化の先兵たるべきロシア人農民の「キルギス化」が懸念されたのも、けっして故無きことではなかった。一方で、二〇世紀に入ると明らかに牧畜民の定住化は進展していった。ごく一部ではあれ、政策的にキルギス人の定住村落が創設された（写真5）。だが、多くの場合、彼らは農耕を放棄し、牧畜に戻ったという。ソ連時代になると集団化政策とセットで牧畜民の定住化が実施され、冬営地を基点に村落が形成された（写真15）。

写真5　キルギス人定住村落と村民（1910年代初頭）（カザフスタン共和国国立写真映像音響資料館蔵）

腸詰ソーセージは譲れない

ところで、天山の牧畜民、なかんずく近代以降のキルギス人、カザフ人はどのような神様を信じてきたのだろうか。概してユーラシアの牧畜民の信仰の基層にシャーマニズムやアニミズム、自然信仰があることはよく知られており、天山山中には現在でも信仰の対象とされている大木や岩が存在する（写真16、18）。

写真6　泥煉瓦で作られたグンバズ。酷暑の昼下がり、ロバが「参詣」していた（キルギス共和国ナリン州、2012/08/07）

先祖崇拝も盛んだ。グンバズと呼ばれる、リーダーたちの墓廟がいたるところに存在する（写真6）。一六世紀以降、おもにスーフィズムを媒介として牧畜民にもイスラームが浸透していった。一七世紀から一八世紀にかけ、オイラトのジュンガル帝国の拡大とともに、この地域はチベット仏教圏とイスラーム圏の接触ゾーンとなった（写真19）。仏教徒のオイラトと最前線で対峙したことを背景に、キルギス人はムスリムとしての意識を明確に持っていたとされるが、その内実はシャーマニズムの要素を色濃く反映したものであった。

二〇世紀初頭になると、タタール人を中心に展開していた、イスラームを媒介に近代化を志向するうごきの影響などによって、従来の土俗信仰と混交したイスラームではなく、「本物志向」が牧畜民のあいだにも芽生えるようになる。たとえば、それまで牧畜民がモスクを建設することはなかったが、二〇世紀初頭になるとそうしたうごきがみられるようになる（写真7）。メッカ巡礼（ハッジ）も忘れるわけにはいかない。ロシアをふくめ、帝国

写真７　キルギス人リーダーによって20世紀初頭に建てられたモスク。モスクにはマクタブが併設され、招聘されたタタール人教師による教育が行われた（キルギス共和国国立写真映像音響資料館蔵）

支配のもとで敷設された鉄道や蒸気船といった近代的インフラを活用して、ハッジがより大きな規模で行なわれるようになったことが知られているが、天山の牧畜民のあいだでもそれは流行した。だが、興味深いことに、彼らは牧畜民としての属性を捨てることはなかった。当時刊行されたハッジの指南書『巡礼者の友』によると、キルギス人やカザフ人巡礼者は、往復に十分なほどの肉や馬肉の腸詰ソーセージ（カーズィリク）を携行していたという（註1）。腸詰ソーセージは現在でも彼らにとってのご馳走である（写真22）。私も調査の際に現地の方々からお土産として頂戴することがある。気持ちは大変嬉しいものの、如何せん、問題はその匂いだ。昨今では真空パウチのような気の利いたサーヴィスもあるが、ひと昔前は飛行機内で周囲に匂いがたちこめないか気が気ではなかった。件《くだん》の指南書は、汽船に乗る際の検疫で捨てざるをえなくなるので、大量の肉や腸詰ソーセージを持ってゆくことを戒めるのだが、そのことは、裏返せば、彼らのハッジのお供に腸詰ソーセージが欠かせなかったことを如実に物語っていよう。

切り札は機動力

二〇世紀初頭から中期にかけて、天山は激動の時代を迎える。革命と内戦を経て、ソ連政権のもとで現代国家の原型がつくられていった。それはソ連解体を経て現在にも引き継がれ、天山にはキルギス共和国、中華人民共和国新疆ウイグル自治区、カザフスタン共和国が鼎立している。言わずもがな、明確な境界線で区切られた現代国家の成立によって牧畜民の移動はあきらかに制限されることになった。だが、彼らが機動力を喪失することはなかった。突如として襲い掛かる幾多の困難に際し、彼らは躊躇することなく国境を越え、新天地を求めた。先行きの見えない、不透明な時代状況を生き延びるための最大の武器は機動力だったのだ。ソ連解体後の現在、市場経済化の進展にともなう貧富の差の拡大を背景に、労働移民としてロシアやトルコなどへ出稼ぎに出る者も少なからずいる（写真21）。むろん、こうした現象が牧畜民に限られたものではないことは重々承知のうえでも、そこに彼らならではの機動力を重ね合わせてしまうのは私だけだろうか。

消されても消えない

近代から現代にかけて、天山に暮らす牧畜民は様々な「民族」や「国家」を身に纏ってきた。だが、装いは時代によって容易に変わりうる。そうした可変的な外衣を剥いでいったときに残るものは――本質主義との批判を恐れずに言えば――「牧畜文明」というところに行き着くのではあるまいか。幾多の体制転換を経た現代でも、夏になれば山上の夏営地には天幕が張られ、家畜が放牧されている（写真20、23）。山を下りて街へ行けば、バザールには馬具屋が立ち並び（写真25）、フェルトの帽子をかぶった紳士が普通に街の目抜き通りを歩く（写真24）。こうした光景を目の当たりにするにつけ痛感するのは、牧畜文明のレジリエンスである（写真8）。今後、天山の牧畜民をめぐる、政治をはじめとする諸状況は目まぐるしく変化してゆくだろう。そういったなかで、牧畜文明がどのように「表現」されてゆくのか、ますます天山界隈から目が離せない。

写真８　大都市の大型ショッピングセンターのエントランスにて。案内カウンターが牧畜民の天幕を象っていることがわかる（カザフスタン共和国アルマティ市、2019/07/20）

註

（1）Alî Ridâ［1909: 10］。指南書については、長縄［二〇一五：五六］を参照。指南書における腸詰ソーセージのくだりについては、長縄宣博氏（北海道大学スラブ・ユーラシア研究センター）から貴重なご教示を賜った。ここに記して御礼を申し上げる。

天山山嶺と周辺

引用文献
秋山　徹
二〇一三「混成村落の成立にみる二〇世紀初頭のクルグズ―ロシア関係」『日本中央アジア学会報』八号、二一―四二。
二〇一六『遊牧英雄とロシア帝国：あるクルグズ首領の軌跡』東京大学出版会。
二〇二一「ユーラシアの牧畜民がリーダーに求めたものとは？ 血と力」シンジルト・地田徹朗編『牧畜を人文学する』名古屋外国語大学出版会：二一一―二一九。
植田　暁
二〇二〇『近代中央アジアにおける綿花栽培と遊牧民：GIS によるフェルガナ経済史』北海道大学出版会
小沼孝博
二〇一四『清と中央アジア草原：遊牧民の世界から帝国の辺境へ』東京大学出版会。
杉山清彦
二〇一二「イリ地域をめぐる帝国の興亡と国境の誕生：ユーラシアの中心から辺境へ」窪田順平監修・承志編『中央ユーラシア環境史2（国境の誕生）』臨川書店：六―五九。
セミョーノフ・ペー・ペー
一九七七『天山紀行（世界探検全集7）』樹下節訳、河出書房新社。
地田徹朗
二〇一八「カザフスタンにおける『近代化』と強制農業集団化」『ロシア・ユーラシアの経済と社会』一〇三一：三一―五二。
長縄宣博
二〇一五「イスラーム大国としてのロシア：メッカ巡礼に見る国家権力とムスリムの相互関係」山根聡・長縄宣博編『越境者たちのユーラシア（シリーズ・ユーラシア地域大国論5）』ミネルヴァ書房：五一―七六。
西山克典
二〇〇二『ロシア革命と東方辺境地域：「帝国」秩序からの自立を求めて』北海道大学図書刊行会。
野田　仁
二〇一一『露清帝国とカザフ=ハン国』東京大学出版会。
松原正毅
二〇一一『カザフ遊牧民の移動：アルタイ山脈からトルコへ：一九三四―一九五三』平凡社。
若松　寛（訳）
二〇〇一、二〇〇三、二〇〇五『マナス：キルギス英雄叙事詩（少年編、青年編、壮年編）』平凡社。
Alî Ridâ
1909　*Hajjilarga Refîq yâkhûd Hajjilarning âldândiqlarini bayan wa âldânmâyincha yûrurga tûghri tarîq*. Kazan.（『巡礼者の友：巡礼者たちが騙されたことの解説と騙されずに行くための正しい方法』カザン）

写真9　イリ川上流域からの天山の嶺々の眺め

写真10　突厥時代の石人

写真11　マナス像

写真9　イリ川上流域からの天山の嶺々の眺め。中央に高く聳えるのはハン=テングリ（海抜7010メートル）。この山はカザフスタン、キルギス、中国の三国国境に位置する（中国新疆ジョウソ県、2016/08/05）
写真10　突厥時代の石人（中国新疆ウイグル自治区ジョウソ県、2016/08/05）
写真11　マナス像（キルギス共和国ビシュケク市、2015/03/03）
写真12　セミレチエ州庁のロシア人軍政官たち（1870年代）。セミレチエ州は現在のキルギス共和国北部からカザフスタン南東部を管轄した（カザフスタン共和国国立写真映像音響資料館蔵）
写真13　峠の頂上からの眺め。山の奥深さに終始圧倒される（キルギス共和国ナリン州、2012/08/10）

写真 12　セミレチエ州庁のロシア人軍政官たち

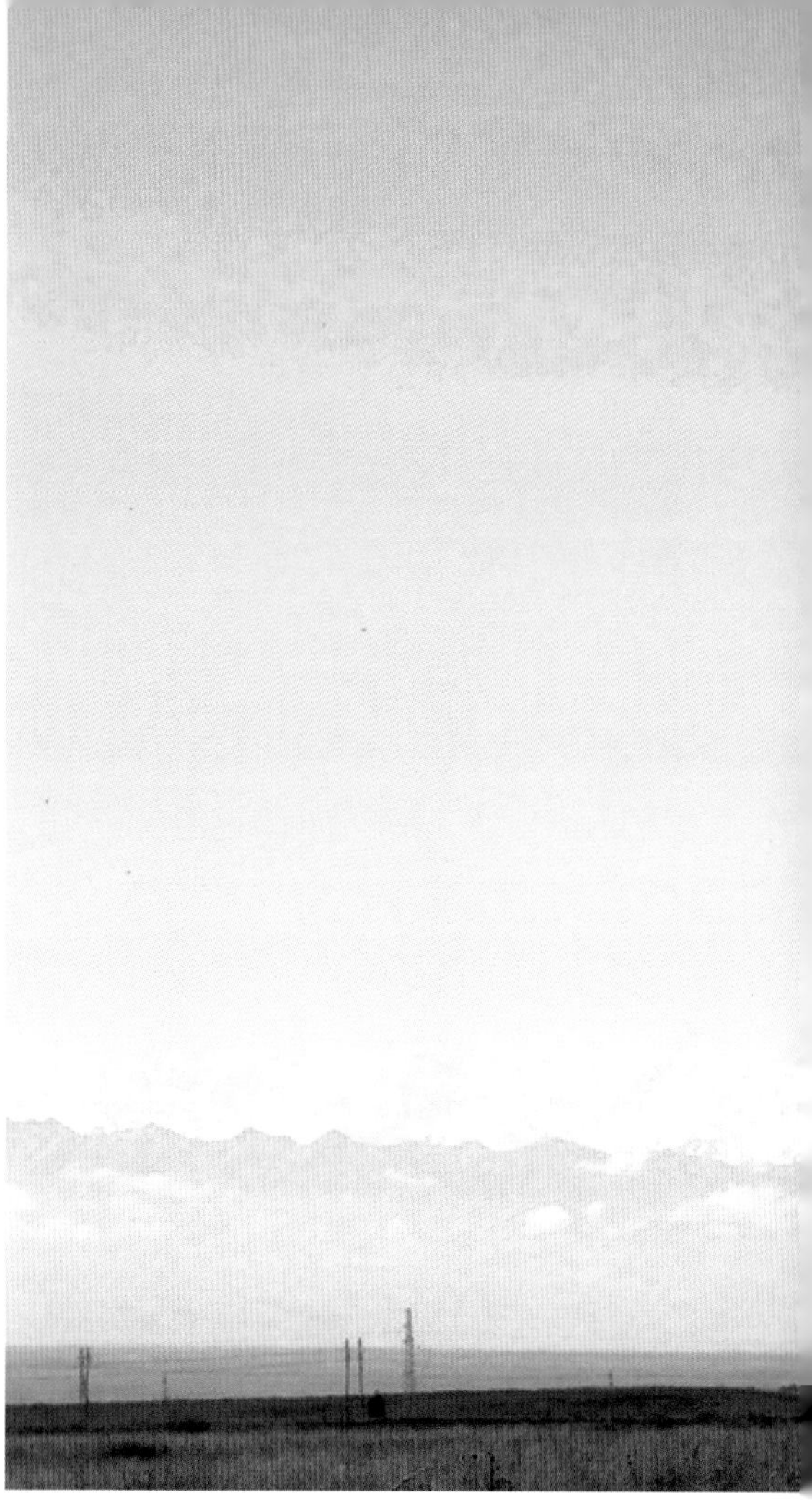

写真 13　峠の頂上からの眺め

写真 17　現在でも水資源は豊富だ

写真 14　用水路に沿って耕地がひろがる

写真 15　山間の村

写真 16　大木

写真 14　用水路に沿って耕地がひろがる（キルギス共和国イシククリ州、2012/08/09）
写真 15　山間の村。概して現代の村の原型はソ連時代の集団化の際に形作られた（キルギス共和国イシククリ州、2012/08/09）
写真 16　大木（キルギス共和国イシククリ州、2012/08/08）
写真 17　現在でも水資源は豊富だ。山から流れ出す小川を利用した用水路をいたるところで見かける（キルギス共和国イシククリ州、2012/08/09）
写真 18　キルギス共和国南部の中心都市オシュの郊外には「スレイマンの玉座」と呼ばれる岩山がそびえ、いにしえより崇拝対象となってきた（キルギス共和国オシュ市、2018/03/13）
写真 19　チベット仏教寺院（中国新疆ウジョウソ県、2016/08/05）

写真 18 「スレイマンの玉座」

写真 19　チベット仏教寺院

写真 20　山上の湖畔での放牧

写真 20　山上の湖畔での放牧（中国新疆イリ・カザフ自治州、2016/08/04）
写真 21　大学の正面玄関で見かけた立て看板。トルコでの就労を斡旋する仲介業者によるもの（キルギス共和国オシュ市、2018/03/13）
写真 22　バザールで売られる腸詰ソーセージ（キルギス共和国ビシュケク市、2018/03/15）
写真 23　幹線道路上をゆく羊群（中国新疆イリ・カザフ自治州、2016/08/04）
写真 24　フェルトの帽子（カルパック）は都市の日常生活でも普通に着用されている。ちなみにキルギスでは３月５日は「カルパックの日」に指定されている（キルギス共和国ビシュケク市、2018/03/15）
写真 25　バザールの馬具屋（キルギス共和国ビシュケク市、2018/03/15）

写真 22　バザールで売られる腸詰ソーセージ

写真 21　大学の正面玄関で見かけた立て看板

写真 23　幹線道路上をゆく羊群

写真 24　フェルトの帽子

写真 25　バザールの馬具屋

2 ウマを愛でる歴史
――ソ連・ロシアの経験は牧畜をどう変えたのか

井上岳彦

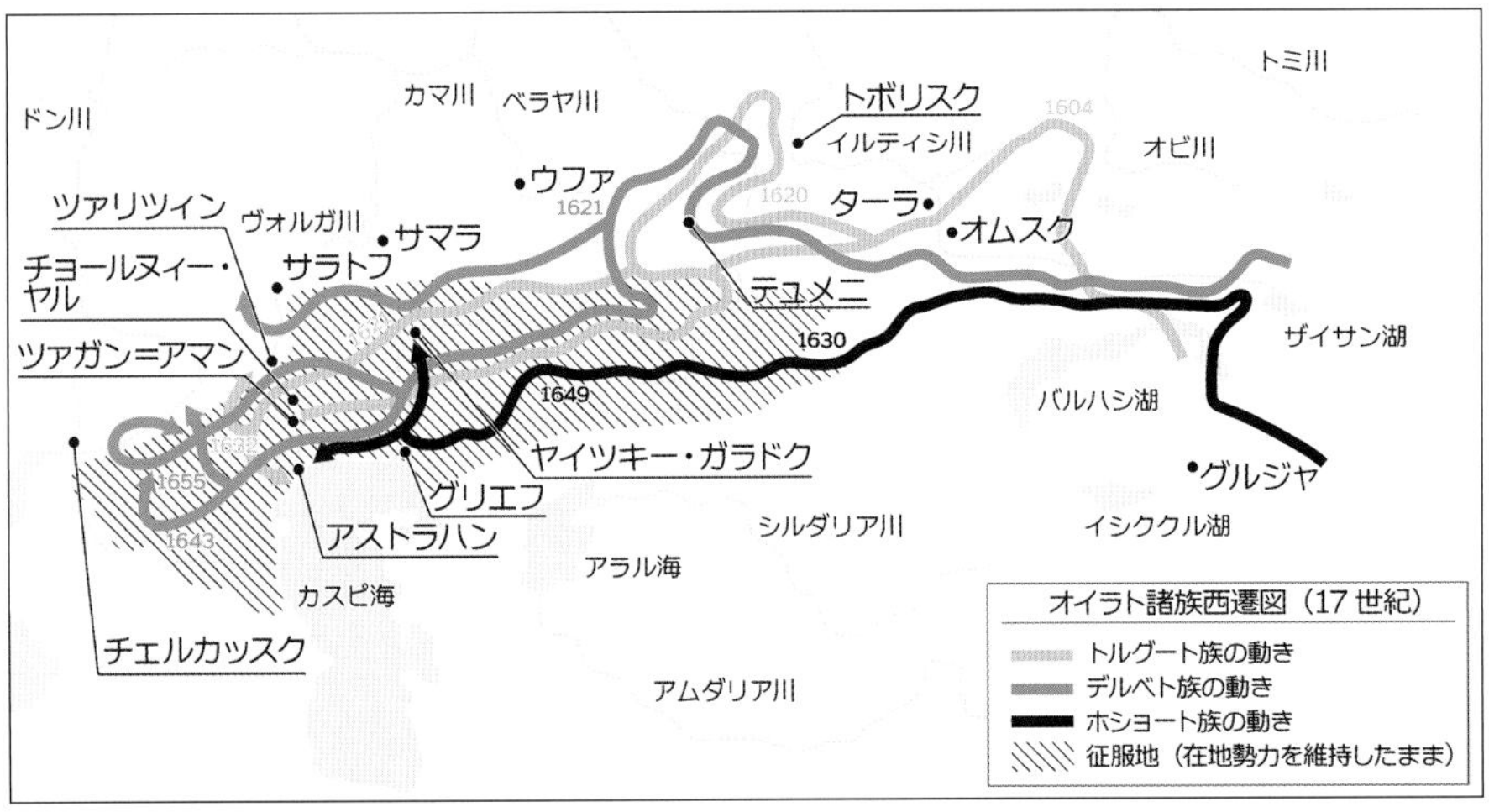

アランザル・ゼールデ。オイラトの英雄叙事詩『ジャンガル』で、主人公の聖主ジャンガルが跨る栗毛の駿馬。獅子のように美しい駿足。オイラトの支派カルムィクの人びとのあいだで、もっとも名が知られたウマである。英雄叙事詩のなかで、勇士たちの愛馬は、人間の言葉を話し人情を交わす存在である［若松　一九九五］。人の心の動きがウマに伝わり、ウマのしぐさが人を導く。一心同体。ウマの力強さ、美しさ、逞しさは乗り手と結びつき、超自然的な力をもたらす。『ジャンガル』のなかで、人は魚や鳥に姿を変え、ステップの生命の連続性を今に語る。かつて人と動物はもっと近い存在だった。では、人はどのように動物のもとを離れていったのか。この章は、ロシア帝国、ソ連、ロシア連邦という経験を経て、カルムィクにおける家畜、特にウマの飼養がどのように変化したのか、写真とともに振り返る。

もともとオイラトは、ジューンガル盆地（現在の中国新疆ウイグル自治区北部）で、牧畜生活を営んでいた。しかし、部族間の内紛を避け西進を始め、一七世紀初めには、カスピ海北の草原地帯に達した。先住していた遊牧民ノガイを追い、一六五〇年代にはヴォルガ川下流域以西に進出した。ロシア国家と同盟関係を結び、ドン河左岸～カスピ海北岸のステップに強勢を誇り、その他の遊牧民族やコサックとの関係も深めていった。カルムィクの騎馬機動力は他を凌駕し、西欧の戦役でもその勇名を轟かせるほどだった。ところが、一八世紀になると、拡張するロシア帝国の前に次第に圧倒されるようになった。ロシア帝国は、オスマン帝国との戦いに、カルムィクの軍事力の提供を執拗に求めた。その要請を忌避し、一七七一年、大多数のカルムィクは旧ジューンガル帝国の遺臣とともに、中央アジアに移動し、清朝皇帝の麾下に入った。他方、わずかに留まったカルムィクは、ロシア皇帝に忠誠を誓った。

ロシア帝国陸軍を支える軍馬

ロシア政府は遊牧の範囲を制限し、それはカルムィクの牧畜に大きな打撃を与えた。一九世紀以前、どれほどの家畜を使用していたのかは不明である。しかし、一九世紀初めよりも、はるかに大規模な牧畜がおこなわれていたと考えられる。自然環境の急変に対して、行政の課した移動制限は災害を助長し、一八三〇年代の雪害では、大きな被害を出した（表2）。

しかし、一九世紀後半になると、ロシア帝国内の地域分業が進展し、カルムィクには牧畜のさらなる発展が求められた。カルムィクの牧畜経営者は商品市場を志向するようになった。食肉はロシアのみならず西欧諸国でも人気を博し、頑強な役牛はロシア・ウクライナ農民から重宝された。なかでも、需要が高まったのがウマである。ロシア陸軍の馬匹補充担当将校は、表立ってカルムィクからウマを購入することが禁止されていた。ところが、その良質さが評判になり、政策は転換され、一八八二年にはロシア軍に限定して販売されるようになった、さらに、一八九四年から、陸軍省は、戦時を含めて常に、アストラハン県のカルムィクから、馬匹補充を行うことにした。カルムィク草原を八つの軍馬地区に分け、馬匹目録を作成し、軍需に適した馬匹選抜、購入、その後の輸送を管理させるとともに、騎兵補充委員会が定期的に馬匹飼養状況の監視を行った［Бакаева & Жуковская 2010: 88-89］（写真1、9、10）。

また、カルムィクの進取的経営者は、品種改良に心血を注ぎ、二〇世紀初めにカルムィク種と、ドン種、アラブ種、オルロフ・トロッターの品種が掛け合わされた。そのことによって、細身でいて頑丈な筋肉を備

写真1　アストラハン官営馬廠。カルムィク人の飼養するウマはとても優れ、ロシア陸軍を支えた。資金も潤沢なのか、後ろに映るゲルも立派である（現エリスタ近郊、1913年、撮影者不明、カルムィク共和国民族公文書館所蔵）

表1　カルムィク略年表（筆者作成）

年	
1609	ロシアの公文書にオイラトとの最初の接触が記録される
1755	ジューンガル政権滅亡
1771	東遷事件（大多数のカルムィクがヴォルガ下流域から新疆へ）
1892	ロシア政府、カルムィク旧王公の諸特権剝奪
1914	第一次世界大戦開始
1917	ロシア革命
1920	カルムィク自治州成立
1935	カルムィク自治州から自治共和国に昇格
1940	英雄叙事詩「ジャンガル」500周年記念祭
1942	8月、首都エリスタ、ドイツ軍に占領される。同12月、解放
1943	12月28日、自治共和国廃止。ほぼ全カルムィク、シベリアなどへ強制移住
1956	3月17日、カルムィクの名誉回復がなされる
1957	カルムィク自治州復活
1958	カルムィク自治共和国復活
1991	12月25日、ソ連解体
1992	カルムィク共和国、ロシア連邦の構成主体となる

え、持久力に富み、速度があるウマに改良された。一九一二年のデータによれば、ヨーロッパ部ロシアの一一五カ所の大規模馬牧場のうち三四カ所がカルムィクのものだった［Команджаев 2009: 125-126］。大規模な畜群を養うには、季節に合わせて豊かな牧草地を広範に移動して回ることが必要だ。それが不可能な場合、特に冬季に向けた飼料の確保が不可欠である。牧草播種、牧草の刈り取り、乾草飼料の製造もおこなわれるようになった。写真2は、一九一三年の官営馬廠（現在のエリスタ市付近）の様子を撮影したものだが、ラクダにローラーを牽かせ、牧草の巻き取りをしているように見える。ラクダは運搬に利用されることが多かったが、飼料製造過程でも動力として利用されていたと考えられる。

写真2　牧草を集めるラクダ。ラクダは様々なものを牽引するために使われた。遠くに牧草を刈っているらしい人影（現エリスタ近郊、1913年、撮影者不明、カルムィク共和国民族公文書館所蔵）

　馬牧場の経営者は大いに繁栄し、煉瓦造りの「馬御殿」とも言いうる建物も建てられた。写真15も、そうした現存する建物の一つである。他方、貧困に苦しむ人びとも少なくなかった。彼らは家畜を失い、ゲルを補修することもままならなくなった。こうした人びとは、写真13のように、「ゼムリャンカ」と呼ばれた半地下家屋で暮らした。建屋の半分以上は掘られた穴の中にあり、内部は一～二室から成っていた。建材は粘土や枯草などで、ステップで簡単に入手でき、補修も簡単だったという。半地下家屋の所有率は全世帯の一七・六％にも及んだ［Митиров 1985］。カルムィク草原の貧困拡大は、革命に呼応する火種を生みつつあった。

写真3　集水施設（チングタ、1920年代、撮影者不明、カルムィク共和国民族公文書館所蔵）

馬飼養へのこだわりと計画経済の齟齬

　一九一七年のロシア革命のあと、内戦の勃発でカルムィク草原も戦場と化した。労農赤軍・反革命軍双方からの徴発によって、ステップは荒廃し、牧畜経営は大混乱のなかにあった。一九二〇年末までに家畜頭数は、第一次世界大戦前の二割にまで落ち込んだ。ウマに至っては、一九一四年のたった六％、四五二二頭しか、カルムィクの人びとに残されていなかった［Максимов 2002: 262］。その後の戦時共産主義体制や頻発する旱魃によって、牧畜経済の回復は大いに遅れ、一九二二年の報告では、カルムィク全人口の約九〇％が飢餓状態にあったという［Бадмаева 2006: 66］。第一次世界大戦前の家畜頭数まで回復を見せたのは、一九二八年のことである。ただし、それは食肉用のウシとヒツジに限った数字であり、ウマもラクダも一九一三年の三割強までの回復に留まった。その後、一九二九年半ばから、ロシア共和国の他の地域と同様に、「全面的集団化」と呼ばれる暴力的な経営の集団化政策がとられ、再び社会と経済は大混乱を見せた。一九三五年に至っても、「全面的集団化」前の一九二八年との比較で、家畜総数は七六・一％に過ぎず、経済の回復は低調なままだった。

　しかし、この時代に起こったより重大なことは、カルムィクの牧畜経済が食肉生産に特化した畜産に転換したことである。食肉としての総重量を基準に、家畜を管理する経済原理が優先されるようになったから

写真4　新型ヒツジ用飼育場。木材はどこからどのように運ばれてきたのか（場所不明、1929年、撮影者不明、カルムィク共和国民族公文書館所蔵）

写真６「カルムィク自発的編入 350 周年記念」ポスター「永遠に共に」。ソ連史学では、1609 年にカルムィク人が「自発的」にロシア国家への編入を「望んだ」とされ、正当化・顕彰された。左の男性は建築労働者、右の男性は牧者（新聞 Хальмг Үнн、1959/07/19、作者不明）

だ（写真3、4、16、17、18、19）。

計画経済の論理を受け入れながらも、ウマへの強い想いは続いた。カルムィク自治ソビエト社会主義共和国人民委員会議議長アンジュル・ピュルベーエフは、雑誌『革命と諸民族』（一九三六年四月号）で、こう述べる。

> 本年、共和国は畜産の分野で非常に大きな課題に直面している。一九三六年、家畜頭数の増加は、次のように予測される。ウシ二二%、ヒツジ三〇%、ヤギ三五%、ウマ一四%、ラクダ一〇%、ブタ二四%。ウマの飼養は特に注目される。一九三六年に、ウマの個体数を一四%増加させる必要がある。共和国の頭数を一九一七年の頭数と比較すると、革命の水準に到達するにはウマの頭数を三〇%増やさなければならない。しかし、革命前の水準も我々にとって理想的なものではなく、ウマについては記録的な増加率を示さなければならない。我々のウマの飼養は、大きな役割を担っているのだ。カルムィキアは、赤軍のための丈夫な騎乗馬の重要な供給源なのだから。［Порбеев 1936］

しかし、馬飼養への情熱と自負は、「科学的管理」にもとづく計画経済には反映されなかった。それでもなお、カルムィクのウマへの想いは止まらない。労農赤軍の上級大将であったオカ・ゴロドヴィコフは、一九四〇年の全ロシア農業博覧会で披露されたウマのカタログを出版した。全二三種一六二頭を集めた博覧会を誇り、「地主貴族と富農による繁殖馬飼養の独占」を打ち破ったと、社会主義システムを讃えた。カタログのなかで、ウマとともに写る人物が民族衣装を纏っているように、カルムィクだけでなく、多くの遊牧民にとって、ウマは民族の誇りを表象する存在だったのである［Городовиков 1941］（写真。5、22）。

写真５　デルベト族の騎乗姿（場所不明、1935 年、撮影者不明、カルムィク共和国民族公文書館所蔵）

シベリア・中央アジアへの強制移住を経て、一九五七年に再興されたカルムィク自治共和国は、牧者と労働者の共和国として位置づけられた。ウマへの愛は変わらない。詩人ミハイル・ホニノフは、「カルムィクのステップに、わたしは生まれた。それは、ウマであり、揺り籠であった」と詠む［Хонинов 1981］。変わったのは共和国の経済である。建築資材製造や軽工業など、様々な新たな産業分野が誕生した。もちろん、家畜の飼養は共和国の経済を牽引し続けた。一九六五年に家畜総数は二五〇万七二〇〇頭、ウシ三〇万八六〇〇頭、ヒツジ・ヤギ二一四万一一〇〇頭、ウマ一万六〇〇〇頭、ラクダ九〇〇頭、ブタ四万六〇〇頭を数えた。家畜頭数は一九七〇年代も伸び続けたが、ソ連の斜陽とともに、一九八〇年代になると徐々に停滞するようになっていった［История Калмыкии 2009: 650; Maksimov 2008: 322, 342］（写真20、21、24、25、26、27、28、29、30、31、32、33）。

現在のカルムィク草原と経済論理

いまのカルムィク草原はどうだろう。ソ連時代とは違い、自由な牧畜経営が可能となった。しかし、ウマの飼養は振るわない。

いま、人びとの視線の先には、牛肉と羊肉の効率的な生産がある。牧場経営・食肉加工業者A氏は、元銀行員で、「量より質が大事です。私たちのところでは、高品質な食肉をモスクワに提供しています。アルバート通りのレストランで出されるステーキは、ここから出荷したもので、消費者はちゃんと味を分かっています」と述べる。獣医のいる屠畜施設で解体し、低温輸送で首都に運ばれ、翌朝には店頭に並ぶ。カルムィクのウシやヒツジは、化学物質に汚染されず大自然の中で自由に牧草を食む、と宣伝される。その肉は、評判が評判を呼び、引く手あまただ。また、別の若い牧場経営者B氏は、「効率を考えれば、牧夫はウマよりオートバイを選ぶべきです」と言う。彼は、経営の多角化を図り、結婚式場やレストランの経営につなげたいと将来の目標を話した。コストをいかに下げるかで、彼の頭はいっぱいだ。

ウマは愛され続けているが、乗り物としては、車やオートバイの方が人気は高い。

表2　家畜種別頭数

年	ウマ	ラクダ	ウシ	ヒツジ(普通種)	ヒツジ(細毛種)	ヤギ	ブタ	総数
1803	238,330	60,452	166,628	767,398	—	—	—	1,232,808
1809	230,106	57,463	157,562	734,254	—	—	—	1,179,385
1827	160,900	46,435	124,690	459,936	—	13,144	—	805,105
1837	19,024	7,377	33,308	168,999	—	6,733	—	235,441
1844	46,769	18,163	128,247	725,917	3,758	35,694	337	988,885
1868	86,985	22,760	163,554	709,907	1,890	23,548	180	1,008,824
1886	54,167	16,893	209,637	729,028	3,057	12,256	278	1,025,316
1891	107,032	17,262	197,472	997,705	2,100	13,572	106	1,335,249
1897	53,795	20,737	102,401	291,527	1,971	6,906	—	477,337
1902	82,435	28,292	206,021	573,680	4,050	27,524	1,207	923,209
1907	60,083	22,004	137,482	518,472	—	—	288	73,329
1912	73,305	24,717	168,087	619,778	23,088	17,222	260	926,457
1915	75,980	20,552	223,016	915,782	—	17,371	204	1,252,905

Попов 1839: 34-35; Бюлер 1846: 91-92; Команджаев 1999: 253-254 から筆者が作成。

写真7　タンクローリーで運んだ水をウシに与える（ヤシクリ付近、2019/08/17、筆者撮影）

馬乳酒を好む人も少なくなった。「かわいそう」と馬肉を敬遠する若者も増えている。

もっと深刻なことは、若者の流出、若者の牧畜離れである。ゲルを模した宿泊施設を経営するC氏は、馬乳酒を使った民間医療ツーリズムの提供を模索中だ。しかし、若者が牧者になりたがらないので人手不足に困っている、と話す。今の若者に牧者という選択肢はない。

カルムィクの若者がステップの動物たちのもとに戻るのは、もう少し先のことなのかもしれない（写真7、34、35）。

引用文献

若松寛（訳）
　一九九五　『ジャンガル』東京：平凡社。

Бадмаева Е.Н.
　2006　Калмыкия в начале 1920-х годов: голод и преодоление его последствии. Элиста: Джангар.

Бакаева Э.П. & Жуковская Н.Л. (ред.)
　2010　Калмыки. Москва: Наука.

Бюлер Ф.А.
　1846　Кочующие и оседло-живущие в Астраханской губернии инородцы, их история и настоящий быт. Отечественные записки 47 (8), С. 59-125.

Городовиков О.И. (ред.)
　1941　Коневодство на всесоюзной сельскохозяйственной выставке 1940 года. Москва: Иллюстрационно-издательское бюро ВСХВ.

История Калмыкии
　2009　История Калмыкии с древнейших времен до наших дней. Т. 2. Элиста: Герел.

Команджаев А.Н.
　1999　Хозяйство и социальные отношения в Калмыкии в конце XIX – начале XX века: исторический опыт и современность. Элиста: Джангар.

Команджаев А.Н.
　2009　Кочевники и пастухи во все века. Тарунов А.М., сост., Сокровища культуры Калмыкии. Москва: НИИЦентр, С. 124-127.

Максимов К.Н.
　2002　Калмыкия в национальной политике, системе власти и управления России (XVII-XX вв.). Москва: Наука.

Maksimov K.N.
　2008　Kalmykia in Russia's past and present national policies and administrative system. Budapest: Central European University Press.

Митиров А.Г.
　1985　Переход калмыков к оседлости в начале XX в. и в первые годы советской власти. Проблемы современных этнических процессов в Калмыкии. Элиста: КНИИИФЕ, С. 77-89.

Попов А.В.
　1839　Краткие замечания о приволжских калмыках. Журнал Министерства Народного Просвещения 22 (2), С. 17-46.

Пюрбеев А.П.
　1936　Первый республиканский съезд советов Калмыкии. Революция и национальности 4 (74), С. 24-31.

Хонинов М.В.
　1981　Орлица: стихотворения и поэмы. Москва: Современник, С. 60.

［謝辞］コロナウイルス感染症の蔓延のため、写真を現地で直接集めることはできなかった。本章に掲載する歴史的な写真は、カルムィク共和国の芸術家イリーナ・ビクトロヴナ・ドングルッポヴァ氏の全面的支援によって蒐集したものである。また、その際、カルムィク共和国民族公文書館、ロシア科学アカデミー・カルムィク人文研究所副所長エリザ・ペトロヴナ・バカエヴァ氏の協力も得た。ここに深く感謝の意を表します。

写真 8　親子ウマ。雪解けしたばかりの 5 月はまだ牧草も瑞々しい（カルムィク共和国ローラ付近にて、2007/05/20、筆者撮影）
写真 9　アストラハン官営馬廠。男性の衣装も特徴的である（現エリスタ近郊、1913 年、撮影者不明、カルムィク共和国民族公文書館所蔵）
写真 10　アストラハン官営馬廠（現エリスタ近郊、1913 年、撮影者不明、カルムィク共和国民族公文書館所蔵）
写真 11　牧者（現エリスタ近郊、1913 年、撮影者不明、カルムィク共和国民族公文書館所蔵）

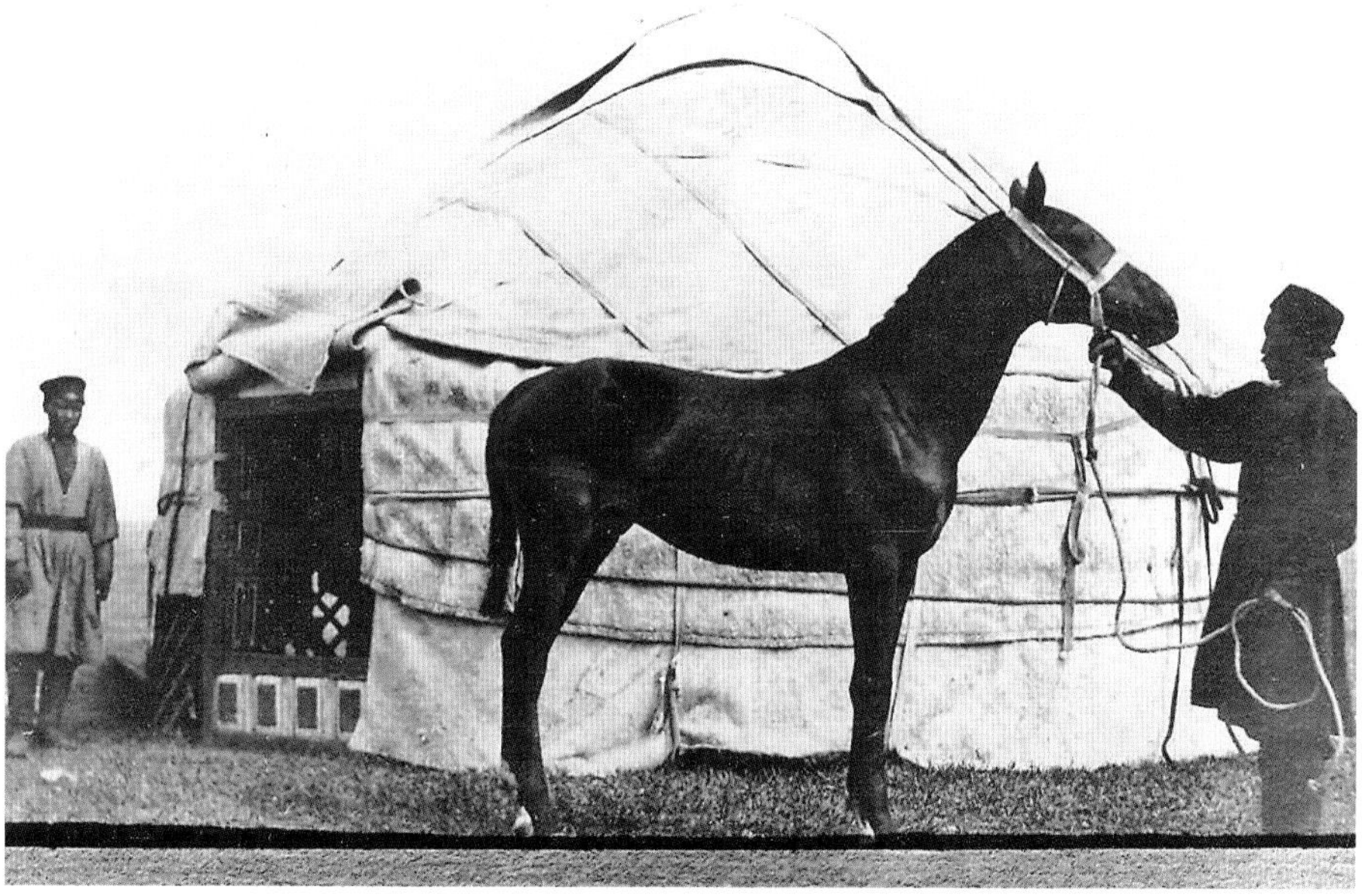

写真9　アストラハン官営馬廠

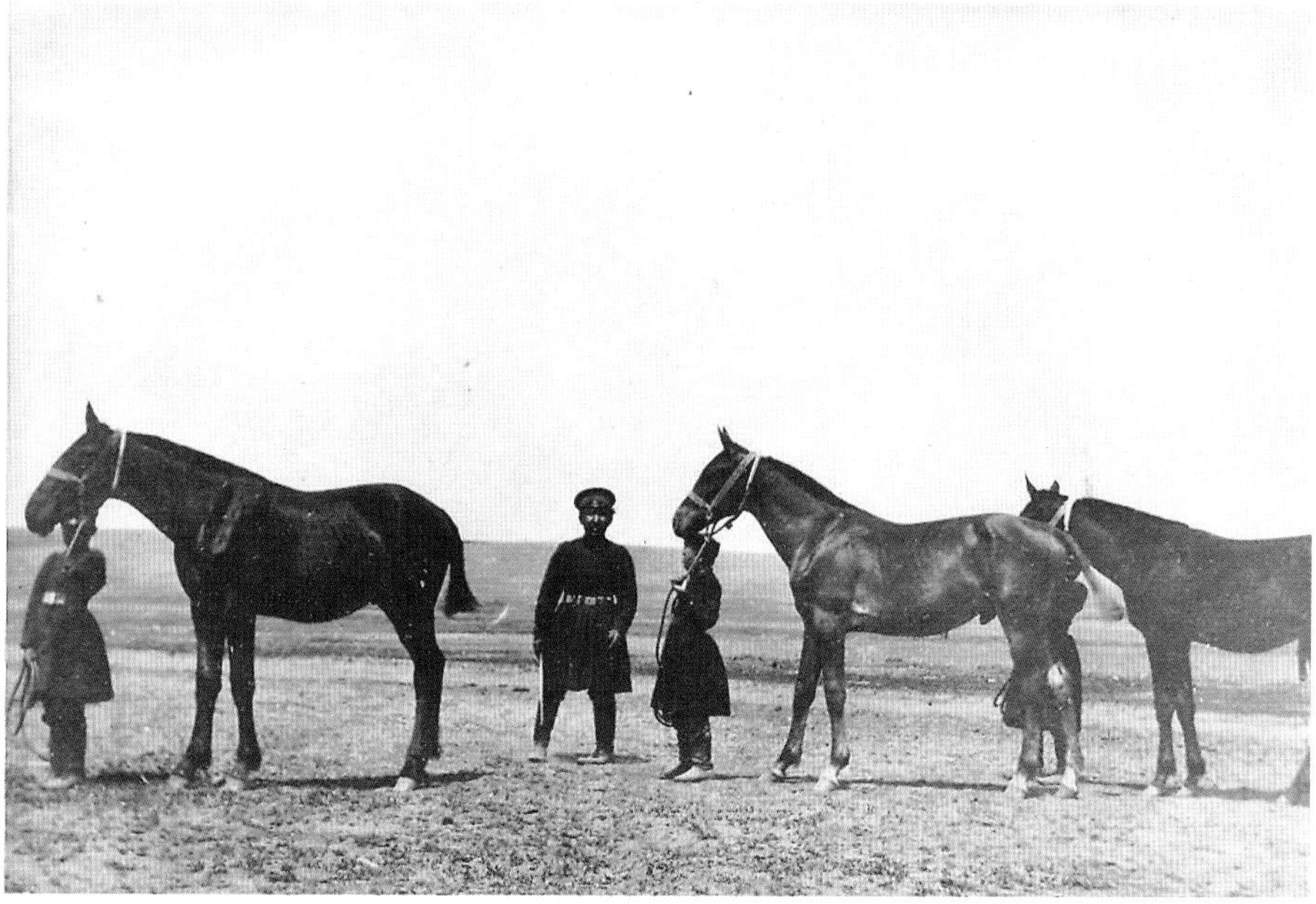

写真10　アストラハン官営馬廠

写真8　親子ウマ

写真11　牧者

写真 15　馬牧場経営者の屋敷跡

写真 12　茶を沸かす

写真 13　半地下住居

写真 14　伝統的なカルムィク種のウマ

写真 12　茶を沸かす。右側の男性が磚茶をナイフで削って茶を沸かしたようだ。さらに生乳と塩などを混ぜる（場所不明、1929 年、撮影者不明、カルムィク共和国民族公文書館所蔵）
写真 13　半地下住居（ゼムリャンカ）。ゲルを失った貧困家庭は、地下に穴を掘って生活していた。手前に痩せた子供二人がしゃがんでいる（場所不明、1929 年、撮影者不明、カルムィク共和国民族公文書館所蔵）
写真 14　伝統的なカルムィク種のウマ。品種改良の結果、写真 9 のような姿になる（場所不明、20 世紀初め、撮影者不明、カルムィク共和国民族公文書館所蔵）
写真 15　19 世紀後半に活躍したウマ牧場経営者エムゲン＝ウブシ・ドンドゥコフの屋敷跡。補修はされているが、今でも十分利用できるほど、しっかりした土台。それだけの財力を誇った（アルシャン＝ブルグ村の近く、2012/05/06、筆者撮影）
写真 16　ソフホーズ＜ウラン・マルチ＞。給水設備にウシが集まる様子（現ホムトニコフ村、1929 年、撮影者不明、カルムィク共和国民族公文書館所蔵）
写真 17　旧型ヒツジ用飼育場（場所不明、1929 年、撮影者不明、カルムィク共和国民族公文書館所蔵）
写真 18　農機具（ソフホーズ＜ウラン・ヘーチ＞、1929 年、撮影者不明、カルムィク共和国民族公文書館所蔵）
写真 19　水飲み場にあつまるカルムィク種ラクダ（場所不明、1929 年、撮影者不明、カルムィク共和国民族公文書館所蔵）

写真 16　ソフホーズ<ウラン・マルチ>

写真 18　農機具

写真 17　旧型ヒツジ用飼育場

写真 19　水飲み場にあつまるカルムィク種ラクダ

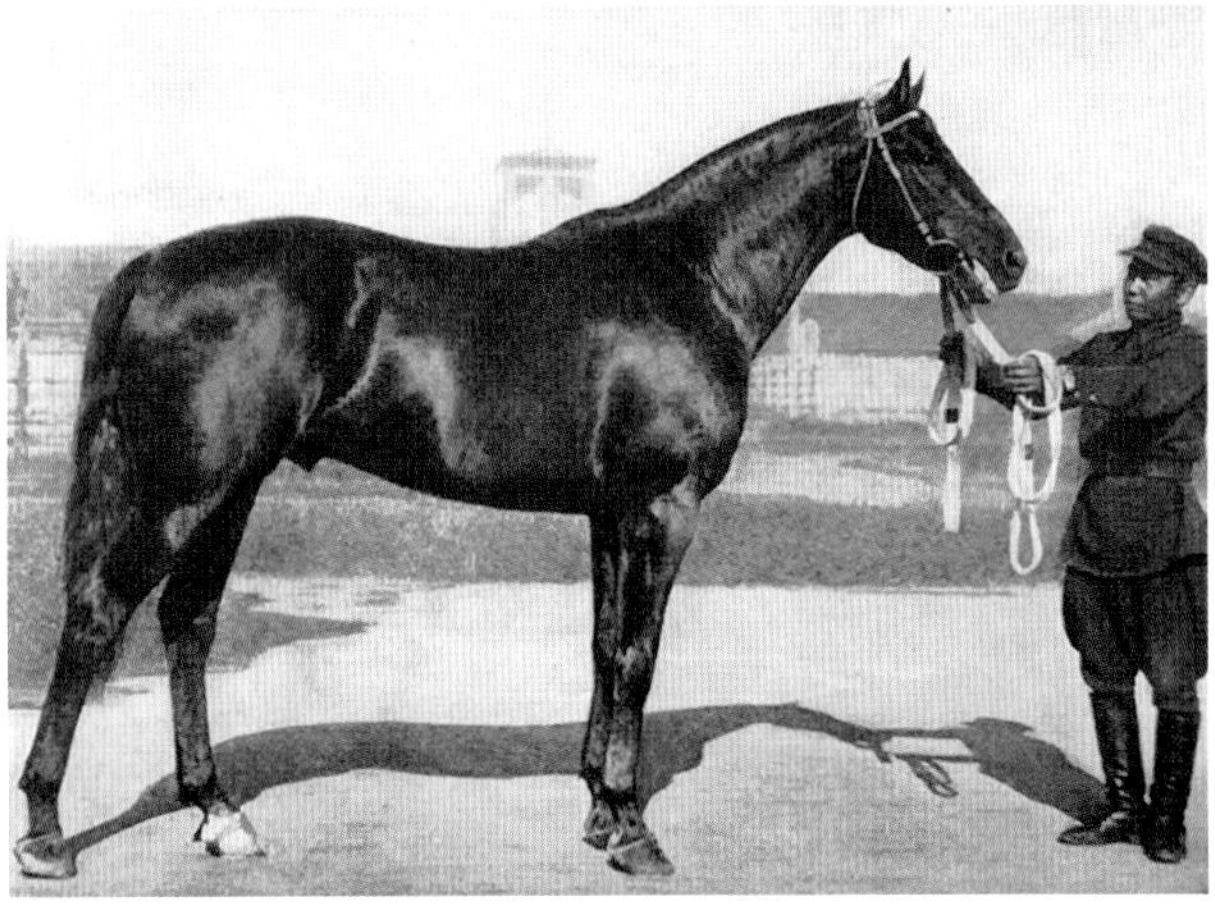

写真 22　アングロ・ドン種ウマ

写真 20　トルクメンのアハルテケ種ウマ

写真 23　カバルダ種ウマの白馬で行進

写真 21　カルムィク種ウシ

写真 24　牧場の風景

写真 20　トルクメンのアハルテケ種ウマに騎乗する民族衣装姿のトルクメン（全ロシア農業博覧会、1940 年、撮影者不明、Городовиков 1941 より）
写真 21　カルムィク種ウシ（場所不明、1960 年代、Морхаджи Нармаев 撮影、カルムィク共和国民族公文書館所蔵）
写真 22　アングロ・ドン種ウマとカルムィク人男性（全ロシア農業博覧会、1940 年、撮影者不明、Городовиков 1941 より）
写真 23　民族衣装をまとった人物がカバルダ種ウマの白馬で行進する（全ロシア農業博覧会、1940 年、撮影者不明、Городовиков 1941 より）
写真 24　牧場の風景。左に映るのは給水施設（場所不明、1960 年代、撮影者不明、カルムィク共和国民族公文書館所蔵）

写真 25　ウシの給餌施設

写真 26　濡れた草を食む

写真 27　ヒツジに水をやる

写真 28　手芸

写真 25　ウシの給餌施設（場所不明、1960 年代、撮影者不明、カルムィク共和国民族公文書館所蔵）
写真 26　濡れた草を食む（場所不明、1960 年代、撮影者不明、カルムィク共和国民族公文書館所蔵）
写真 27　ヒツジに水をやる。窪地には水が集まりやすく、給水施設が作られた（場所不明、1960 年代、撮影者不明、カルムィク共和国民族公文書館所蔵）
写真 28　手芸（場所不明、1960 年代、撮影者不明、カルムィク共和国民族公文書館所蔵）

写真 29　冬にヒツジを追う

写真 32　チェルノゼムリスクからの出品者

写真 30　牧草の刈り取り

写真 33　ステップのゴミ汚染は深刻である

写真 31　繁殖品種見本市の子供

写真 29　冬にヒツジを追う（場所不明、1960 年代、撮影者不明、カルムィク共和国民族公文書館所蔵）
写真 30　牧草の刈り取り。機械化された（場所不明、1960 年代、撮影者不明、カルムィク共和国民族公文書館所蔵）
写真 31　繁殖品種見本市の子供（場所不明、1979 年、撮影者不明、カルムィク共和国民族公文書館所蔵）
写真 32　チェルノゼムリスクからの出品者。晴れの舞台には背広を着るようになった（場所不明、1979 年、撮影者不明、カルムィク共和国民族公文書館所蔵）
写真 33　草原に散乱するプラスチックごみ。その汚染は深刻な問題となりつつある（ヤシクリ付近、2012/05/06、筆者撮影）
写真 34　現代の牧場経営者と牧者。経営者は SUV を、牧者はオートバイを愛用する（エリスタ近郊、2015/03/04、筆者撮影）
写真 35　牧場の機械類（中央）と干草飼料備蓄（左奥）。牧畜経営には、メカニック技術も必須（ヤシクリ付近、2019/08/17、筆者撮影）

写真 34　現代の牧場経営者と牧者

写真 35　牧場の機械類と干草飼料備蓄

3　牧畜民とオスマン朝、そして現代
——牧畜の記憶はどう語り継がれ、扱われてきたのか

岩本佳子

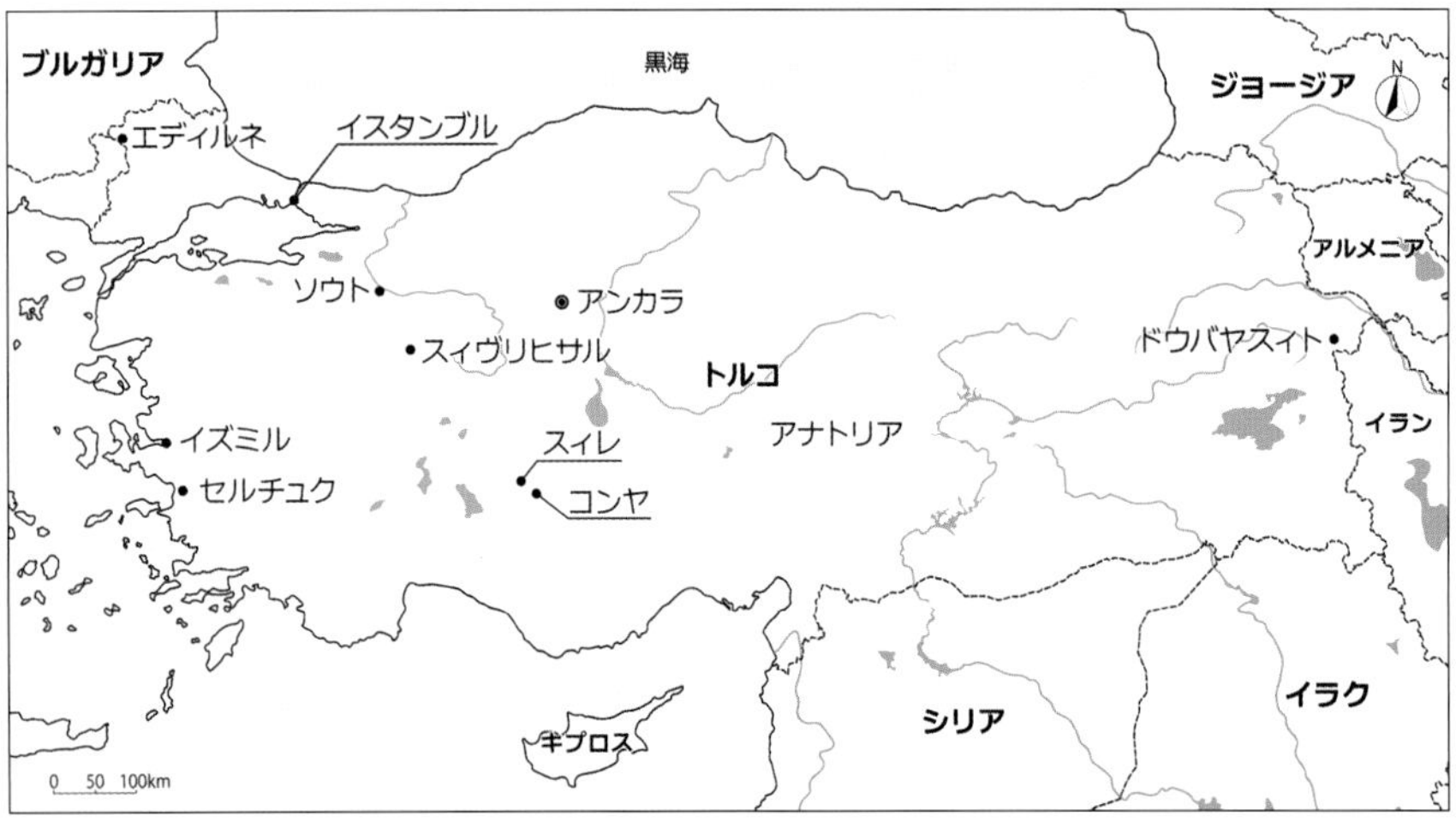

トルコ共和国とその周辺

日本では「オスマン・トルコ」とかつては呼ばれることが多かったオスマン朝／オスマン帝国（一三〇〇年頃―一九二二年）は、中央ユーラシアを故地とするテュルク系の遊牧牧畜民に起源を有するオスマン家がうちたてた王朝である。しかし、オスマン家の君主を中心とした中央集権官僚国家［鈴木　一九九二］であるオスマン朝の長い歴史の中で「牧畜民」の姿や要素は、イメージとは異なり目を凝らすことでやっと、しかしはっきりと見えてくるものである。

テュルク系遊牧牧畜民オグズ族の二四氏族の一つカユ氏族の族長であることを理由に、オスマン一世がオスマン朝初代君主に族長会議で推挙され、そのことを祝して馬乳酒がふるまわれたという牧畜民の伝統を彷彿とさせる記録は存在する。しかし、これはオスマン一世の時代から一〇〇年以上後に書かれた史書に見られるもので伝説の色が濃い［小笠原　二〇一四：三〇―三一］。また、現代のトルコでは、ウシやヤギなどと比べると乳量が少なく搾乳に手間がかかる馬乳の利用はあまり行われていない［松原　二〇二一：一四四―一四七］。

一説によると、一六世紀において遊牧民の人口はオスマン朝全人口の二割程度であったという［Cook 1972: 12-13］。オスマン朝の心臓部（ハートランド）であったバルカン半島やアナトリアの人口の大半は、オスマン朝による征服以前から同地にいた定住農耕民であった。そもそも、トルコ共和国成立後にギリシアとの間で行われた「住民交換」（一九二三年）の前後まで、アナトリアの各地に多くの定住農民が、それもトルコ人のみならずギリシア正教徒などが多数住んでいたことは現代のトルコを旅すればすぐに気付かされる（写真8、9、10）。さらに、帝都イスタンブルのオスマン朝エリートたちは、東ローマ／ビザンツ帝国にちなんでか「ルーム人」のちには「オスマン人」と自称し、時にはやや侮蔑の意味を込めて田舎の農民を「テュルク」、遊牧民を「ユリュク（Yörük）」などと呼び、自分たちとは別物扱いすらしていた［Dankoff 2004］。

しかし、オスマン朝の歴史において牧畜民の姿やその伝統が全く見られないというわけではもちろんない。本章は、オスマン朝や現代のトルコ共和国の歴史と牧畜民の関わりを考察する試論である。

ガリポリ：二つの国家の始まりの場所

オスマン朝はアナトリア西部の小邑ソウト（Söğüt）で誕生したとされる。今ではソウトで毎年「オスマン朝建国祭」が開催され、遊牧牧畜の伝統、オスマン朝の誕生、現在のトルコ共和国を祝うイベントとなっている［田村　二〇二一］（写真1、11、12、13）。しかし、既に第二代君主オルハンの時代には、オスマン朝はダーダネルス海峡を渡り、対岸のバルカン半島いわば「ヨーロッパ」へ領土を拡張（写真2、14）していった。当時のオスマン朝では太刀打ちできない強国がひしめき合い、短い緑の季節を過ぎると枯草と赤土が広がるアナトリア高原よりも、夏でも地平線まで緑が広がる西方のトラキア平原（写真15）の方がオルハンの目にはより魅力的に映ったのかもしれない。ダーダネルス海峡より対岸のアジアを臨むガリポリの町は、王子スレイマンに率いられたオ

写真1　ソウトのエルトゥールル廟内観。「テュルク系」諸国・諸地域の旗が飾られている（トルコ共和国ビレジク県ソウト、2014/08/29）〈以下、国名のないものはすべてトルコ共和国、撮影はすべて筆者〉

写真2　聖母マリアの聖燭節教会。オスマン朝時代に建てられたモスクが後に教会に転用されたものである（ハンガリー共和国ペーチ市、2019/09/17）

バルカン半島諸国

スマン朝軍が海峡を渡って初めてヨーロッパに足を踏み入れたとされる重要な土地である。ガリポリにはオスマン海軍の基地の一つが置かれ（写真20）、オスマン朝時代の史跡がいくつも残されている（写真16、17）。

オスマン朝初期史に名高いガリポリは、オスマン朝末期にも重要な役割を担った。ガリポリにはクリミア戦争でオスマン軍とともにロシア軍と戦ったフランス軍兵士の戦没者慰霊碑がある（写真18）。ヨーロッパのみならず世界を巻き込んだ第一次大戦には「欧州の病人」扱いながらもヨーロッパの一員とされていたオスマン朝も参戦した。ガリポリ一帯は、英仏軍に加えて当時は英領だったオーストラリアやニュージーランド兵からなるアンザック軍の上陸作戦をオスマン軍が食い止めた激戦地になった。この戦いで「病人」の気骨を示したオスマン軍の指揮官の一人が後にトルコ共和国建国の父となるムスタファ・ケマル・アタテュルクである。ガリポリの町はオスマン朝のみならず、トルコ共和国にとっても建国の歴史に直結する土地として今も顕彰されているのである。

クルドとテュルク、アレヴィー
：国家に利用され国家を利用し

トルコ共和国首都アンカラ市街の東のはずれの山の上には、地元住人の多くも存在を知らない「聖地」がある。それは、オスマン朝成立以前に、ベクタシー教団というイスラームの神秘主義教団の教団員でアンカラに信仰を広めにやって来た聖者ガーズィー・ヒュセインの霊廟である。ここは、現代トルコで「アレヴィー」と呼ばれ、イスラームの正統派を自認する多数派のスンナ派から時に「異端」と見なされてきた独自の宗教集団の今も生きた聖地の一つでもある。

写真3　ガーズィー・ヒュセイン廟（アンカラ、2018/10/07）

アレヴィーはオスマン朝時代の弾圧の歴史を語り継いでいる。自身を救世主であると称しシーア派信仰をイランの国教としたサファヴィー朝君主イスマーイール一世を崇敬して、オスマン朝とは敵対したテュルク系を主とする遊牧牧畜民集団「クズルバシュ」がアレヴィーの前身であったという。事実、イスマーイール一世に勝利してクズルバシュが多数居住していた中央アナトリア地域にオスマン朝の支配を確立したセリム一世や次代のスレイマン一世は、しばしば「クズルバシュ狩り」を命じた［齋藤　二〇一五］。アレヴィーは時に信仰を隠し、オスマン朝において正統信仰の内と一応は認められていたベクタシー教団と混ざりあって独自の集団と信仰を保ち続けてきた。このガーズィー・ヒュセイン廟もそのようなアレヴィーの聖地の一つとして、今もアレヴィーの人々の信仰を集めている（写真3、21）。

写真4　ガーズィー・ヒュセインの棺。奥にはアレヴィーで崇敬されるシーア派初代イマーム・アリーの肖像が掲げられている。筆者が訪れた時は管理人が掃除機を棺にガツガツあてながら掃除をしていた（アンカラ、2018/10/07）

多くのアレヴィーでは、初代イマームのアリー、ベクタシー教団開祖のハジュ・ベクタシュが崇敬される。さらに、アレヴィーの間では政教分離と世俗主義を強固に推し進めたトルコ共和国建国の父アタテュルクの人気が高い。そのため、アリーやハジュ・ベクタシュと並んでトルコ共和国やアタテュルクが称揚される独自の空間が廟には生じている（写真22、23）。

霊廟の中にはガーズィー・ヒュセインの棺が安置されており、人々はこの棺を前に祈りを捧げる（写真4）。アレヴィーの聖地であるここでは、女性がスカーフで髪の毛を覆うことなく霊廟の中を出入りしていた。願い事をしながら布などを木の枝に結ぶと願いが叶うという、かつてトルコ各地で見られた風習は「イスラーム的ではない」とされ、現代のトルコでは姿を消しつつある。しかし、ここでは現役であった（写真19）。

写真５　クルド語で「ドウバヤズィト市」と書かれた看板。公共の場でのクルド語表記はトルコで解禁されて久しいが、そのことが政治的解放や自由を直ちに意味するわけでは勿論ない（アール県ドウバヤズィト、2014/09/23）

なお、オスマン朝はサファヴィー朝との国境地域となったアナトリア東部にクズルバシュが住むことをよしとせず、オスマン朝に親和的な牧畜民のアナトリア東部への移住や進出を推奨した。結果、アナトリア東部で人口を増やし、現在は地域の多数派となっている集団が、近年の中東情勢をめぐる報道の中でその名を聞くようになったクルド人である。オスマン朝は親政府派のクルド系牧畜民の取り込みをしばしば図った。一九世紀後半に憲法を停止し専制を行ったアブデュルハミト二世は、帝都イスタンブルに寄宿制の「部族学校」を建て、アラブやクルド系牧畜民の族長の子弟をオスマン朝の忠実な臣民にしようとした［Rogan 1996］。部族学校の優秀な学生はアブデュルハミト二世への拝謁を許されたという。アブデュルハミト二世は暗殺を恐れ、宮殿に閉じこもって趣味の木工細工にふけりながら「反対派」への弾圧命令を出し続ける生涯を自身が失脚するまで送った。政府に忠実な限りはクルド人を利用するが不都合な「反体制派」は苛烈に弾圧するというあたりは、クルド語の表記すら公には許さなかったかつてと比べると、今ではクルド語の看板が公共の場に掲げられるほどには軟化したものの（写真５、24）独立や大幅な自治の要求は決して認めないという近年のトルコ政府の「対テロ政策」にも受け継がれているといえるかもしれない。

牧畜民と牧畜の記憶の現在

現代のトルコにおいて牧畜をめぐる状況はますます厳しいものとなっている。国有地での放牧を全面的に禁止した一九六〇年代の「森林法」の相次ぐ改正［松原 二〇一二］後、季節に合わせて家畜や天幕とともに冬営地や夏営地へ移動し家畜を放牧する牧畜民の数はよりいっそう減少していき、今では一部の地域で細々としか移動牧畜は行われていない。経済発展と都市化の進展により、定住牧畜すらも現代のトルコでは縮小傾向にある。しかし、現実の牧畜が衰退していくことに比して、牧畜の記憶や伝統は現代のトルコにおいて確かに息づいている。

アナトリア中部のスィヴリヒサルという町を訪れると、昔ながらの羊毛フェルトの外套を羽織った伝統的な牧夫の像（写真25）が迎えてくれる。アナトリア中部地域には移動牧畜民が多数いたことにちなんだ趣向であろう。町外れには昔の教会を中心に銅像がいくつも建ち並ぶ野外公園がある（写真６）。その公園の片隅でヒツジを放牧する現代の牧夫の姿を見かけることができた（写真26、27）。

写真６　スィヴリヒサルの元教会。現在は修復され博物館になっている。銅像は有名なとんち話集の主人公であるナスレッディン・ホジャとロバ。スィヴリヒサルは何故かトルコのあちこちにある「ナスレッディン・ホジャ生誕の地」の一つである（アンカラ県スィヴリヒサル、2019/04/15）

オスマン朝期には、ヒトコブラクダとフタコブラクダをかけ合わせた一代雑種のヒトコブ半ラクダが荷役獣として利用されていた。この「遊牧民（テュルクメン）のラクダ」は重い荷物を難なく背負ってオスマン朝のすみずみに物を運んでいた。

オスマン朝の帝都であったイスタンブルの西外れにはブユク・チェクメジェ橋という見事な石造の大橋がある（写真28）。この大橋は、一六世紀に数々の大モスクを建造した高名な建築家ミマール・スィナンの傑作の一つである。橋の建造には、石材や材木、燃料用の薪などを各地から運んでこなければならなかった。そこで、フィリベという町に物資輸送用のヒトコブ半ラクダを集めて、森から切り出した大量の木材を建設現場まで運ぶよう命令が下された。フィリベは現在プロヴディフと呼ばれるブルガリアの一都市であり、ブルガリア国籍のトルコ人が今もここに暮らしている［井谷・岩本 二〇一五］。

一九世紀になると、近代化の中でアナト

写真7　セルチュクのラクダレスリング祭（イズミル県セルチュク、2019/01/20）

リアの大地にも鉄道が敷かれ、陸運の中心は家畜から鉄道へと移っていく。ラクダの時代は終わったかに見えたが、小回りのきくラクダは村や町の市場と鉄道駅の間の輸送を担うようになり、活躍し続けた［İnal 2021］。

二〇世紀後半にもなると自動車道路の整備とトラックの登場で荷物運びとしてのラクダの役割はついに失われた。しかし、アナトリアからラクダの姿が消えることはなかった。

アナトリア西端のエーゲ海にほど近いセルチュクの町では、毎年一月に「ラクダレスリング」祭（写真7、30）が行われている［今村・田村 二〇二〇］。セルチュクのラクダレスリング祭には飼い主が丹精込めて育てたラクダが各地から集まり、見物客でごった返す。見物客はレスリング祭開始時刻の朝一〇時からバーベキューを楽しみつつ（写真29）地酒のラクをあおりつつ（写真32）、入れ替わり立ち替わり行われるラクダの首相撲を見物しながら過ごす（写真31、33）。牧畜とラクダの記憶がこの地からなくなることはこれからもないであろう。

牧畜の記憶は意外なところでも見られる。トルコ共和国首都アンカラの高台に鎮座する建国の父アタテュルクの霊廟（写真34）は、今もトルコの人々が表敬に訪れるアンカラの数少ない観光スポットである。政教分離を国是とし、イスラームの色が濃い旧時代を切り捨てたアタテュルクの墓廟はどうあるべきか。墓廟の建築家たちが頭を悩ませた結果、アタテュルク廟には「イスラーム以前のテュルク民族の伝統」として牧畜民の絨毯にちなんだ装飾（写真35）があちこちに用いられることになった［安達・渡邉 二〇一〇］。いわば「草原の牧畜民」として始まったが、牧畜民の要素は徐々に目立たなくなっていったオスマン朝時代を経て、イスラームやオスマン朝という前時代を捨てざるを得なくなったトルコ共和国で牧畜の記憶が「祖先の栄光の歴史」として注目され復活したのである。その後、トルコ共和国では紆余曲折を経て、国民統合のためにイスラームやオスマン朝の栄光が持ち出されるようになり「牧畜民の伝統」は歴史や伝統の要素の一つに落ち着いていくことなる［小笠原 二〇一七］。牧畜民とオスマン朝をめぐる歴史は、現代世界の中でその姿を変えつつ今後も続いていくことだろう。

引用文献

安達千鶴・渡邉研司
二〇一〇「トルコ・アタチュルク廟の意匠的特徴について」『東海大学紀要（工学部）』五〇（二）：八七―九四。

今村薫・田村うらら
二〇二〇「トルコのラクダ相撲：ラクダ利用と異種交配の視点から」今村薫編著『遊牧と定住化「中央アジアにおける牧畜社会の動態分析：家畜化から気候変動まで」研究報告書：一〇三―一一九。

井谷鋼造・岩本佳子
二〇一五「トルコ共和国イスタンブル西郊ブユク・チェクメジェ石造橋についての覚書」『西南アジア研究』（八二）：五六―六九。

小笠原弘幸
二〇一四『イスラーム世界における王朝起源論の生成と変容：古典期オスマン帝国の系譜伝承をめぐって』刀水書房。
二〇一七「オスマン／トルコにおける「イスタンブル征服」の記録：一四五三―二〇一六年」『歴史学研究』（九五八）：四七―五八。

齋藤久美子
二〇一五「オスマン朝のクズルバシュ対策」『近世イスラーム国家史研究の現在』近藤信彰（編）東京外国語大学アジア・アフリカ言語文化研究所：一〇七―一二〇。

鈴木董
一九九二『オスマン帝国：イスラム世界の「柔らかい専制」』講談社。

田村うらら
二〇二一「トルコの遊牧民（ユルック）は時代遅れか？：帰属意識と文化」『牧畜を人文学する』シンジルト・地田徹朗（編著）名古屋外国語大学出版会：一二六―一四四。

松原正毅
二〇二一『遊牧の人類史：構造とその起源』岩波書店。

Cook, M. A.
1972 *Population Pressure in Rural Anatolia: 1450-1600*. London, New York and Toronto: Oxford University Press.

Dankoff, R.
2004 *An Ottoman Mentality: The World of Evliya Çelebi*. Leiden and Boston: E. J Brill.

İnal, O.
2021 "One-Humped History: The Camel as Historical Actor in the Late Ottoman Empire." *International Journal of Middle East Studies*, 53(1): 57–72.

Rogan, E. L.
1996 "Aşiret Mektebi: Abdülhamid II's School for Tribes (1892-1907)," *International Journal of Middle East Studies*,

写真 8　アヤ・エレナ教会博物館

写真 11　ソウトのエルトゥールル廟外観

写真 9　教会博物館の入口に掲げられたギリシア文字で表記されたトルコ語

写真 12　ソウトのエルトゥールル廟周囲

写真 10　博物館となった元教会の内観

写真 13　ソウトの「テュルク」の偉大な英雄銅像群

写真 14　聖燭節教会の内部

写真 8　アヤ・エレナ教会博物館。元は正教会の教会であった。かつてスィレには多くのギリシア正教徒が住んでいた（コンヤ県スィレ、2019/07/15）
写真 9　教会博物館の入口に掲げられたギリシア文字で表記されたトルコ語（カラマン語）銘文（コンヤ県スィレ、2019/07/15）
写真 10　博物館となった元教会の内観。スィレは教会博物館を軸に古風な街並みをアピールして町おこしと観光地化を進めている（コンヤ県スィレ、2019/07/15）
写真 11　ソウトのエルトゥールル廟外観。初代君主オスマン 1 世の父とされるエルトゥールルの廟だが、現在の廟は 19 世紀に建てられたものであり、そもそもエルトゥールルが本当にここに埋葬されたのかどころか、その実在すら歴史的には疑わしいともされる（ビレジク県ソウト、2014/08/29）
写真 12　ソウトのエルトゥールル廟周囲。エルトゥールル廟の周囲には伝説上のオスマン家の一族やオグズ 24 氏族の氏族長の墓がある。文字がラテン文字であることから分かるように、これらの「墓」はトルコ共和国成立以後に「それらしく」つくられたものである（ビレジク県ソウト、2014/08/29）
写真 13　ソウトの「テュルク」の偉大な英雄銅像群。チンギス・ハンやアッティラ大王まで「テュルク」扱いで銅像が並べられている。一番高い位置にはトルコ共和国建国の父であるムスタファ・ケマル・アタテュルクの銅像が鎮座する（ビレジク県ソウト、2014/08/29）
写真 14　聖燭節教会の内部はオスマン朝時代のモスクの面影を残している（ハンガリー共和国ペーチ市、2019/09/17）

写真 15　夏のトラキア平原

写真 16　ガリポリのチレハネ入口

写真 17　バイラクル・ババ廟

写真 18　クリミア戦争フランス軍戦没者慰霊碑

写真 20　ガリポリの青空礼拝所

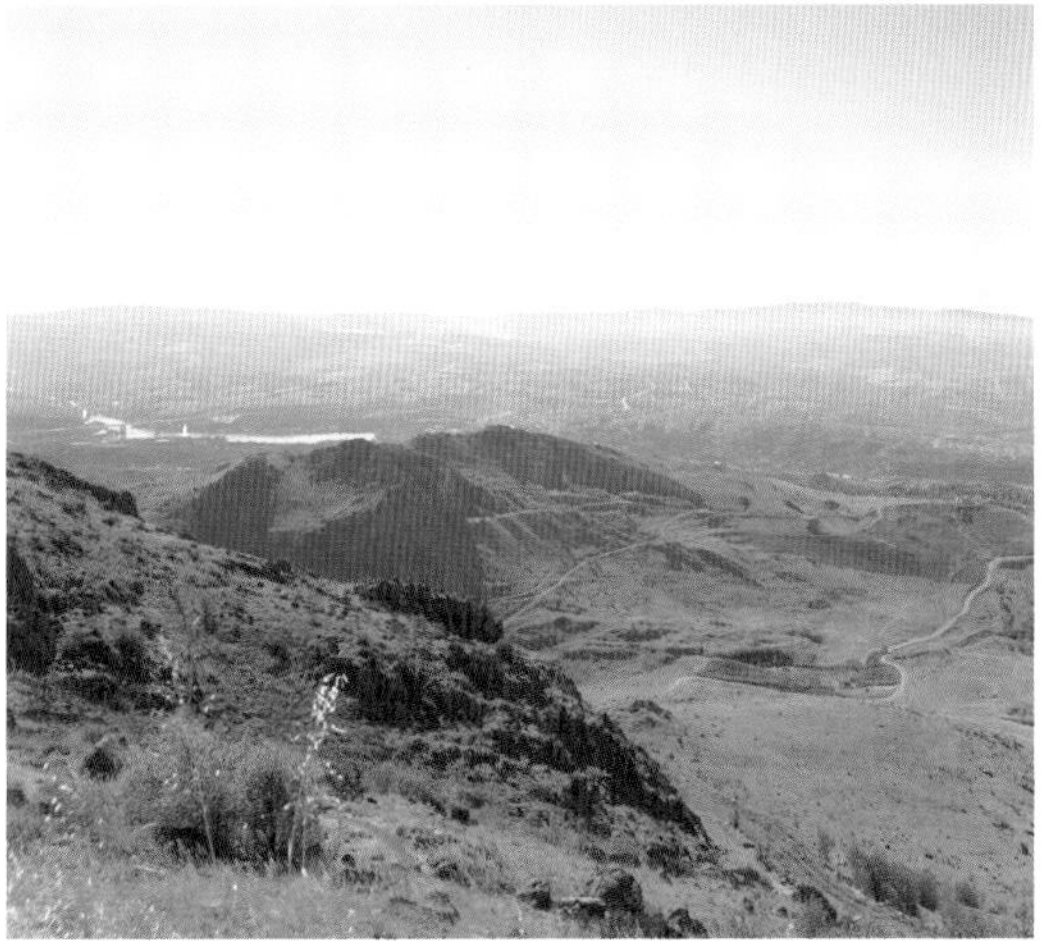

写真 21　ガーズィー・ヒュセイン廟からアンカラ市街を臨む

写真 22　アタテュルクの顔面を織り込んだ絨毯

写真 23　ガーズィー・ヒュセイン廟の入口

写真 15　夏のトラキア平原。畑がどこまでも広がっている（エディルネ県、2014/08/31）
写真 16　ガリポリのチレハネ入口。チレハネはイスラーム神秘主義者スーフィーがお籠もりの修行を行う小部屋や洞穴の意。伝承によると、この洞穴で修行していたある聖者はイスラーム教の預言者ムハンマドを夢に見て、夢の中でムハンマドから霊智を授けられたという（チャナッカレ県ガリポリ、2015/10/15）
写真 17　バイラクル・ババ廟。墓の主である軍旗持ちのオスマン軍兵士は、敵に奪われないよう軍旗をちぎって飲み込んだ。戦闘後に軍旗はどこだ、敵に奪われたのかと咎められると、自分の腹を割いて飲み込んだ軍旗を見せたという。廟には大量のトルコ国旗が兵の安寧を願って吊されている（チャナッカレ県ガリポリ、2015/10/15）
写真 18　クリミア戦争フランス軍戦没者慰霊碑。市内を見下ろす高台にある（チャナッカレ県ガリポリ、2015/10/15）
写真 19　願い事の木。願い事をしながら枝に布を結ぶとその願い事が叶うという。日本の神社のおみくじを結ぶ木を彷彿とさせる。手元に布がなかったのか代わりにビニール袋を枝に結んでいる者もいたが、はたしてそれでもよいのだろうか（アンカラ、2018/10/07）
写真 20　ガリポリの青空礼拝所。ガリポリの名所の一つ。モスクの天井が失われ礼拝所がむき出しになっている。往時にはオスマン軍の海兵がここで礼拝を行っていたという（チャナッカレ県ガリポリ、2015/10/15）
写真 21　ガーズィー・ヒュセイン廟はアンカラ市街を見下ろす山の上にある（アンカラ、2018/10/07）
写真 22　廟に飾られていたイスタンブルにかかるボスフォラス大橋とアヤソフィアを空から見守るアタテュルクの顔面を織り込んだ絨毯（アンカラ、2018/10/07）
写真 23　ガーズィー・ヒュセイン廟の入口。「神、ムハンマド、アリー」という扁額の下を通って廟の中に入る（アンカラ、2018/10/07）

写真 19　願い事の木

写真 24　イスハーク・パシャ宮殿

写真 25　伝統的な牧畜民の銅像

写真 26　現代の牧夫

写真 27　現代の牧夫

写真 24　イスハーク・パシャ宮殿。オスマン朝政府と時に協力し時に対立しながらも地域を支配した地元有力者イスハーク・パシャによって 17 世紀に建造された。イスハーク・パシャは家臣にクルド諸部族を多数取り込んだが、自身はコーカサスのジョージア系の出自であった（アール県ドウバヤズィト、2014/09/23）

写真 25 「ケペネク（kepenek）」という羊毛フェルト製の袖なしマントを羽織り、2 匹の牧羊犬を従えている伝統的な牧畜民の銅像（アンカラ県スィヴリヒサル、2019/04/15）

写真 26　スィヴリヒサルの元教会公園のそばでは牧夫がヒツジを飼養している。ヒツジは公園や町の中を自由に歩き回り、のんびりと草を食んでいた（アンカラ県スィヴリヒサル、2019/04/15）

写真 27　現代の牧夫。伝統のフェルトではなく、役所に勤める友人からお古でもらったという市名入りの蛍光色の防水チョッキを身につけてはいるが、フェルト製のマントをまとうかつての牧夫と同じくのんびりとヒツジの群れを放牧していた（アンカラ県スィヴリヒサル、2019/04/15）

写真 28　ブユク・チェクメジェ橋。16 世紀に高名な建築家スィナンの設計で建てられた優美な石橋である。橋の中央には先代君主スレイマンの後を継いで橋を完成させたオスマン朝君主セリム 2 世の名が刻まれた銘文がある（イスタンブル、2012/07/15）

写真 28　ブユク・チェクメジェ橋

写真 29　セルチュクのラクダレスリング祭

写真 30　バーベキューの煙に覆われるラクダレスリングの観客席

写真 32　ラクダと一緒に記念撮影

写真 31　ヒトコブ半ラクダ

写真 33　伝統のダンスを踊る人びと

写真 34　アタテュルク廟

写真 35　アタテュルク廟内の牧畜民の絨毯を模した装飾

写真 29　セルチュクのラクダレスリング祭（イズミル県セルチュク、2019/01/20）
写真 30　バーベキューの煙に覆われるラクダレスリングの観客席。一般にトルコの人々がバーベキューにかける情熱はすさまじい（イズミル県セルチュク、2019/01/20）
写真 31　ヒトコブ半ラクダ。コブは一つに見えるが、毛が長く冷涼な気候に強いフタコブラクダの特徴もよく出ている（イズミル県セルチュク、2019/01/20）
写真 32　ラクダと一緒に記念撮影。お祭り気分が伝わってくる（イズミル県セルチュク、2019/01/20）
写真 33　伝統のダンスを踊る人びと。盛り上がると踊り出すのはどこの国の人も同じようだ。祭の日は無礼講と言うことかセルチュク含むイズミル県は世俗主義政党が政治的に強い地域だからか見物人の多くは正午前からすでにアルコールが入っていた（イズミル県セルチュク、2019/01/20）
写真 34　アタテュルク廟。アンカラの数少ない貴重な観光スポットとして、アタテュルク廟はいつも賑わっている（アンカラ、2019/12/30）
写真 35　アタテュルク廟内の牧畜民の絨毯を模した装飾。アタテュルクの棺が収められた霊堂の天井には牧畜民の絨毯にちなんだ装飾が施されている（アンカラ、2019/12/30）

コラム1　インド・タール砂漠の暮らしと牧畜
——移動民ジョーギーにとって牧畜とは何か

中野歩美

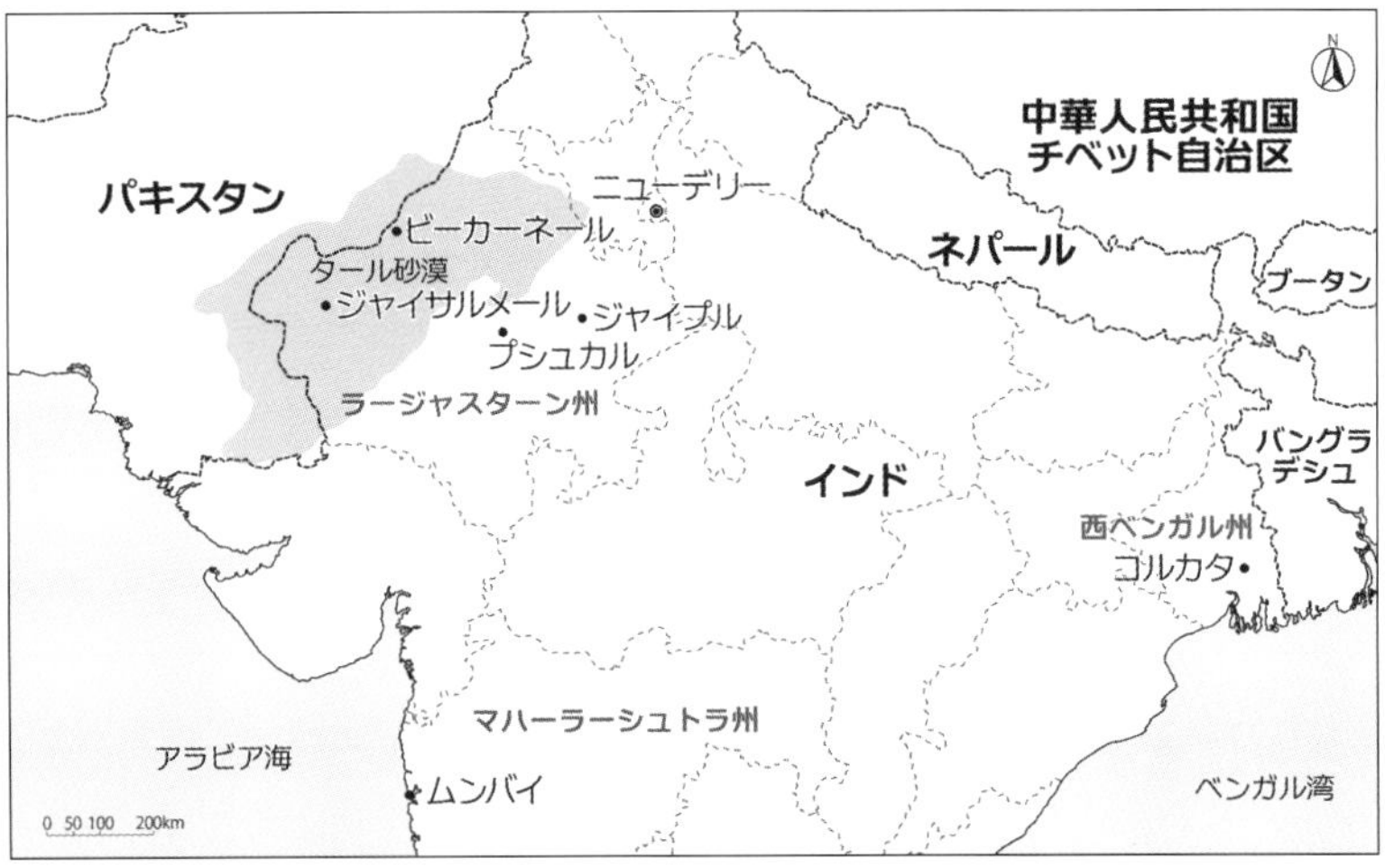

タール砂漠地域の位置

インドの砂漠地帯

インド北西部に位置するラージャスターン州西部には、大インド砂漠（The Great Indian Desert）として知られるタール砂漠が広がる。酷暑期にあたる三月から六月にかけては最高気温が五〇度近くまであがり、平均の年間降水量は三〇〇ミリメートル以下という半乾燥地帯の荒野に点在する農村やその周辺の小さな集落で暮らす人びとは、トウジンビエや豆類を中心とした降雨依存農業と、ウシ、ヤギ、ヒツジ、ラクダなどの牧畜とを併せておこなう半農半牧という生活様式をとることで、限られた自然資源を活用しながら生活を営んできた（写真1、9）。

写真1　車窓から見た道路を歩くヒツジたち（ジャイサルメール県、2011/08/31、筆者撮影）〈以下、撮影者はすべて同じ〉

ラクダの利用とその変化

この地域に広く見られるヒトコブラクダは、州のシンボルの動物に指定されるなど、古くからヒトやモノを運ぶ重要な輸送手段として人びとの生活に深くかかわってきた家畜である（写真2、17）。現地には、伝統的にラクダの牧畜を生業としてきたラバーリー（またはラーイカー）と呼ばれるコミュニティが存在し（写真15、16）、同州のビーカーネール県には、世界的にも珍しい国立のラクダ研究所（National Research Centre on Camel）が設立され、同地を原産とするラクダの繁殖や生態に関する研究が行われている。

その一方で、一九八〇年代から本格始動した州政府の観光化政策においても、ラクダは重要な観光資源として重用されていった。ラージャスターン州中部に位置するアジメール県のプシュカルという小さな巡礼地で、古くから毎年11月頃に開かれてきた世界最大級のラクダ市は、州の民俗文化を紹介する出し物やステージでのショー、移動遊園地などを加えた観光イベントとして刷新され、今では世界中から多くの観光客が訪れるイベントとなっている。

写真2　ある日の早朝、ラクダで運んできた水を貯水槽に入れてもらっている様子（バールメール県、2014/12/22）

ビーカーネール県でも州の観光芸術文化局が主催するキャメル・フェスティバルが毎年一月に開かれており、カラフルな装飾品を身につけたラクダたちの行進や踊り、ラクダの毛刈りアートの大会などがおこなわれるなど、こちらも国内外の観光客のあいだで人気を博している。また、同州の西端に位置するジャイサルメール県では、ラクダの背中に乗って砂丘を遊覧するキャメル・サファリが新たな観光産業の目玉となっている（写真3、4、8）。

このように、ラクダは現地での交通や輸送手段以外に、現地の伝統文化を表象する生き物として、またはエキゾチックな表象と結びついた格好の観光資源として、新たな価値が付与されている。

写真3　ラクダに乗って砂漠の遊覧に向かう観光客の人びと（ジャイサルメール県、2011/09/14）

ジョーギーの暮らしと牧畜

ところで、筆者が長年フィールドワークの

対象としてきたジョーギーの人びとは、どちらかといえば、牧畜とはほとんど無縁の生活を送ってきた。現地で宗教的な物乞いとして知られてきた彼らは、ロバを使って荷物を運びながら、砂漠の村々を歩いて移動し、呪術をおこなったり門付けをしたりしながら施しを受けることで糊口を凌いできた。しかし多くのジョーギーは四〇年ほど前から定住をはじめ、現在ではロバを飼育している者はまったくいなくなっている。

　むしろ現在でも移動生活を送っているジョーギーや、比較的最近まで移動生活を送っていたジョーギーは、輓獣としてラクダを飼育している場合が多い（写真5）。ジョーギーがラクダを使って移動する場合、ラクダの上に直接人が乗るのではなく、背中に貨車をつないでそこに荷物を載せたり人を座らせたりするため、通例二〜五世帯からなる移動ユニットの荷物を一頭で十分に運ぶことができる（写真11）。ただしラクダはヤギやヒツジに比べると高額なうえ、一日に約二〇キロもの飼料を必要とするため、ジョーギーのあいだでも最近は中型バイクがもっぱらの輸送手段となりつつある。

写真4　キャメル・サファリの最終到着地点（ジャイサルメール県、2011/09/14）

写真5　定住後も輓獣としてラクダを飼い続けているジョーギー（ジャイサルメール県、2014/06/25）

　現地のジョーギーたちにとって、ラクダ以上になじみ深い動物は、同州でももっとも飼育されている家畜のヤギとヒツジである（写真7）。とくにヤギは、毎日欠かせない紅茶のミルクのため、そしてヒンドゥー教徒であるジョーギーたちにとっては、人生儀礼で供犠をおこなうために不可欠である（写真10）。移動生活を送っていた際にも、必要に応じて移動先の村の人から買っていたという。ジョーギーが飼育する家畜の個体数は、数頭から数十頭とそれほど多くはないが、これはジョーギーの特徴というよりも、伝統的に半農半牧をおこなってきた現地の定住社会の人びとの暮らしの特徴といえるかもしれない（写真6、13、14、18）。

写真6　定住した小屋のそばに建てられた家畜用の囲い（バールメール県、2014/12/22）

　定住した現地のジョーギーたちの多くは、毎年収穫期になると小作人として収穫作業に従事するようになっている。その際には、移動生活の知識と技術を生かして畑のすぐ近くに野営を張り、数か月間の野営生活を送ることになるのだが、定住先の住まいでヤギやヒツジを飼育している場合にはその家畜もすべて連れてくる（写真7）。そして、毎日朝から大人たちが収穫作業をおこなうあいだ、子どもたちが牧童としてヤギやヒツジの放牧を担当する（写真12）。このように、定住したジョーギーたちのあいだでも、彼らなりの半農半牧の生活スタイルが少しずつ形成されつつあるといえよう。

写真7　野営地のヤギたち。小屋がないため、放牧から帰ってくると杭につながれたロープにヤギの片足を結び付ける（ジャイサルメール県、2014/11/05）

写真8　ラクダの背中から見た砂丘（ジャイサルメール県、2014/10/02）

写真11　野営地のそばに置かれた貨車（ジャイサルメール県、2010/08/28）

写真9　駐車中のジープに興味津々の仔ヤギたち（ジャイサルメール県、2011/08/31）

写真12　野営中の放牧の様子（ジャイサルメール県、2014/09/23）

写真10　夜が更けてから朝まで夜通しで賛歌をうたう儀礼（バジャン）の後、ヤギを屠って皆で共食する。調理するのは決まって参加者の男性たちである（ジャイサルメール県、2015/01/25）

写真 14　仔ヤギに哺乳させるジョーギーの少女（バールメール県、2014/12/22）

写真 15　ラバーリーが用いるラクダの毛で編んだバッグ（ジャイサルメール県、2010/08/28）

写真 13　ヤギの出産介助後、生まれてきた仔ヤギを抱きかかえるジョーギーの女性（ジャイサルメール県、2014/11/05）

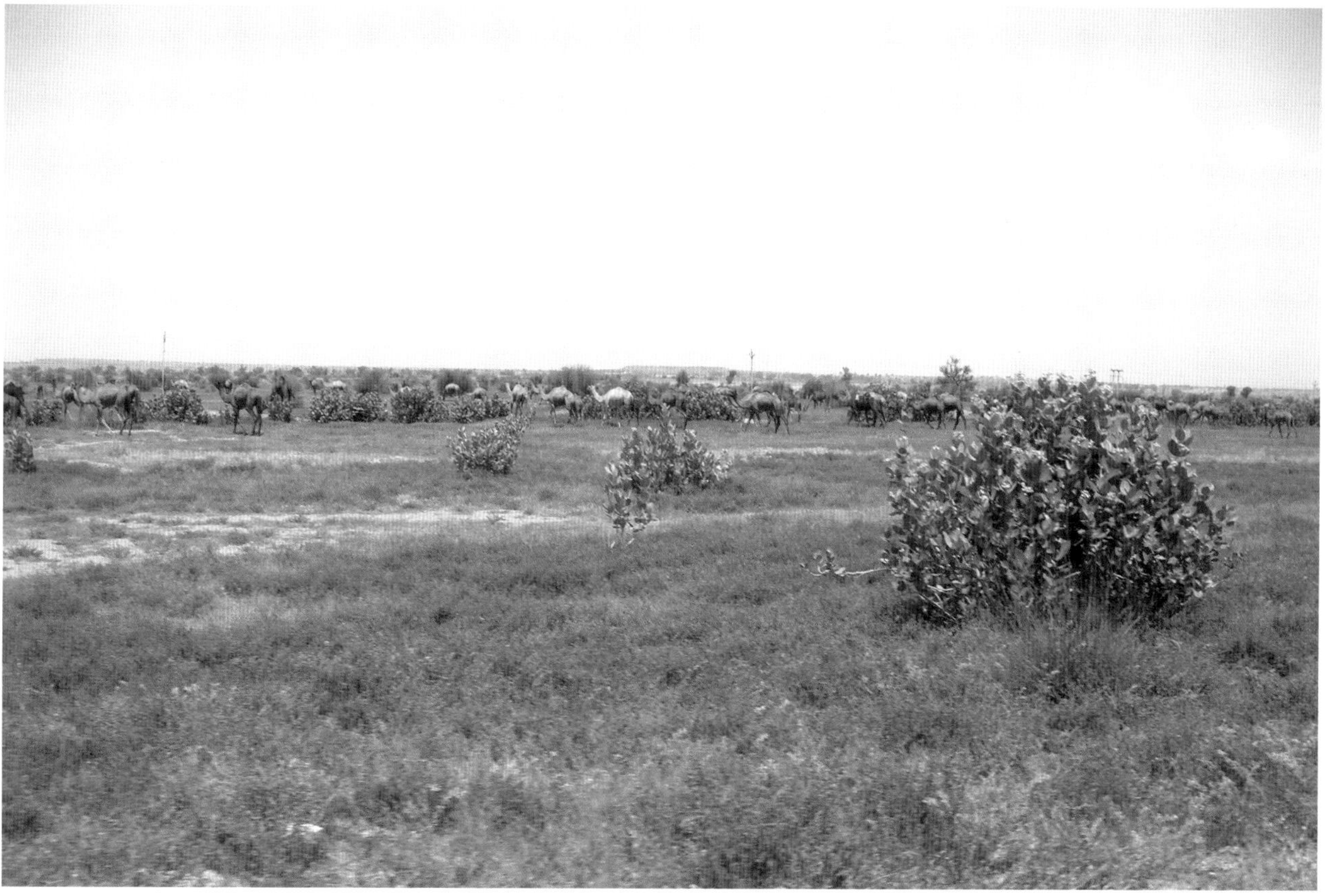

写真 16　ラバーリーによるラクダの放牧の様子（ジャイサルメール県、2010/08/28）

写真17　ある日の早朝、ラクダで運んできた水を貯水槽に入れてもらっている様子（バールメール県、2014/12/22）

写真18　仔ヤギを抱えるジョーギーの少女（バールメール県、2014/12/22）

第2部　極限に暮らす

4　カザフスタン・小アラル海地域での牧畜
——牧畜が災害復興に果たした役割とは何か

地田徹朗

写真１　小アラル海北岸の「船の墓場」（2017/09/05、筆者撮影）〈以下、撮影者はすべて同じ〉

開発災害としてのアラル海の縮小

アラル海とは、旧ソ連領中央アジア、今日のカザフスタンとウズベキスタンとに跨がる塩湖である。シルダリヤとアムダリヤという二つの大河がアラル海に流入するが、流出する河川はない。かつては世界第四位の表面積を誇る湖だったが、旧ソ連領中央アジア地域での綿作や稲作を目的とした灌漑農業の拡大により、一九六〇年代よりアラル海は縮小していった。現在は一九六〇年との比較で十分の一程度の表面積しかない。六五頁の地図は、かつてのアラル海の湖岸線と今日のおおよその湖岸線——湖岸線はアラル海の水収支の状況によって常に変動している——について示している。北側の小さな水面のことを小アラル海（写真1、11、12）、南側の面積的には大きいがそのほとんどが干上がってしまっている部分を大アラル海（写真2）と呼ぶ。

干上がった旧湖底の沙漠化は「二〇世紀最悪の環境破壊」とも呼ばれた［Levintanus 1992: 60］。アラル海周辺の地域は、灌漑地が集中する中流域からの有毒な農業排水の掃きだめとなり、沙漠化した旧湖底からは塩分や農薬・化学肥料の残滓など、化学物質を含む砂が風に乗って吹きすさぶ（写真13）。これらは地域住民の健康を害し、また、アラル海に水があることを前提として成立していた産業（漁業・水運）を荒廃させた（写真3）。砂は動き、容赦なく集落に襲いかかってくる。このようなアラル海をめぐる一連の諸問題は、人間による開発行為やそれに伴う自然改造が、アラル海地域の社会—生態システムの崩壊を——少なくとも一時的に——もたらしたという意味で、「開発災害」と呼ぶことができる［大塚 二〇一五：一九—二〇］。

写真２　ウズベキスタン領大アラル海西岸からの眺望（2015/09/07）

写真３　かつてのアラリスク港（2017/09/01）

漁業がダメなら牧畜で生きればよい

確かに、アラル海地域で起きたことは社会主義国家による近代化政策の結果として、人為的な開発が引き起こした壮絶な環境破壊であった。しかし、アラル海地域の住民が、加速的に悪化してゆく災害状況にただ手をこまねいていたというわけではない。漁業がダメならば牧畜で生きればよい。沙漠化が進むならば、取りあえず水が過少でも生きてゆけるラクダを飼えばよい。塩水もある程度の濃さまでならラクダは飲んでくれる。夏場、ラクダたちは小アラル海の湖水を飲みながら湖岸で休む（写真14）。小アラル海地域のラクダはフタコブが中心で、より南方に棲むヒトコブラクダは稀である（写真4）。家畜さえあれば、人は食うには困らない。決して人にとっても家畜にとっても暮らしやすい環境とは言えない場所で、彼らは逞しく生き抜いてきた。

しかし、ゼロからいきなり十をつくり出す

写真４　ヒトコブラクダや交雑種もいるが、寒さに弱い（アクバストゥ村、2018/08/27）

ことはできない。アラル海地域には、ラクダ飼養の基盤が元から存在したのである。もっとも、読者の多くがご存じのことと思うが、国名カザフスタンの「カザフ」とは民族名であり、彼らはかつて中央ユーラシアの草原を席巻した騎馬遊牧民であった。一九二〇年代の末から当地に漁業コルホーズが組織されたことにより、かつて家畜と年中移動する遊牧や夏場だけ移動する半遊牧と呼ばれる生業を営んでいたカザフは定住化を強いられた。そして、その後は魚肉加工場がアラル海の周辺に整備されてゆく。それでも、現地のカザフは、宅地付属地でソ連政府からごくわずか許された範囲で家畜の私有をつづけた。筆者のメインフィールドである、小アラル海と大アラル海の狭間に位置するアクバストゥ村の一九六八年のCORONA衛星画像（写真5）をみると、当時から家畜囲いが存在したことが分かる。二〇一九年の衛星画像からうかがい知ることができる村の景観（写真6）とそんなに違いはない。もちろん、その間にアラル海の湖岸線は遠ざかり、村の周囲には沙漠が広がってしまっているのだが。

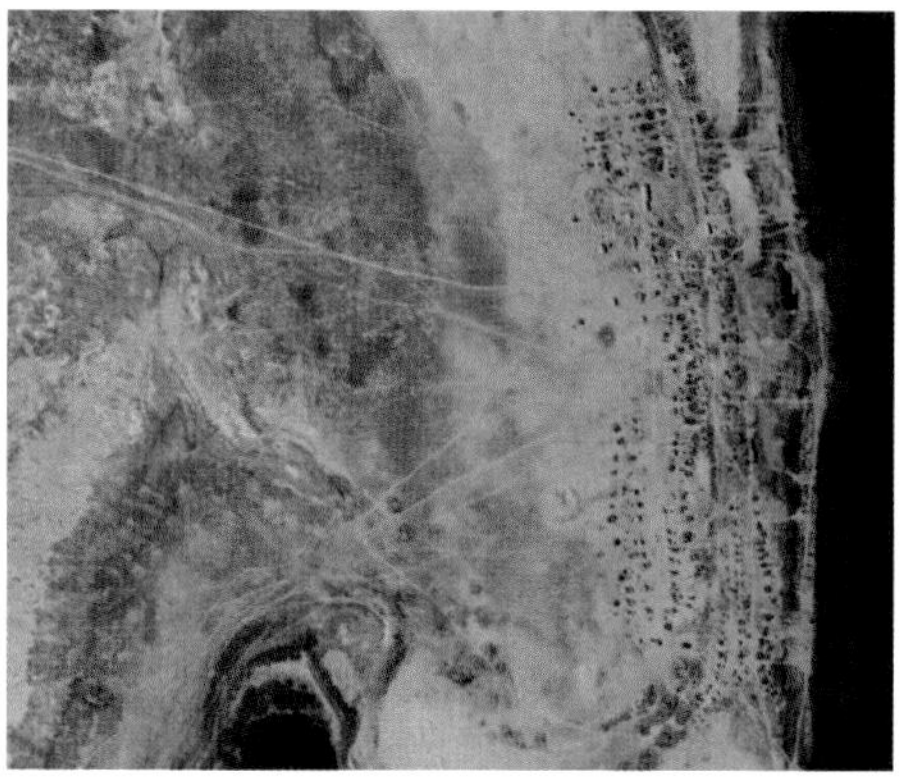

写真 5　1968 年のアクバストゥ村 CORONA 衛星画像（出典：USGS）

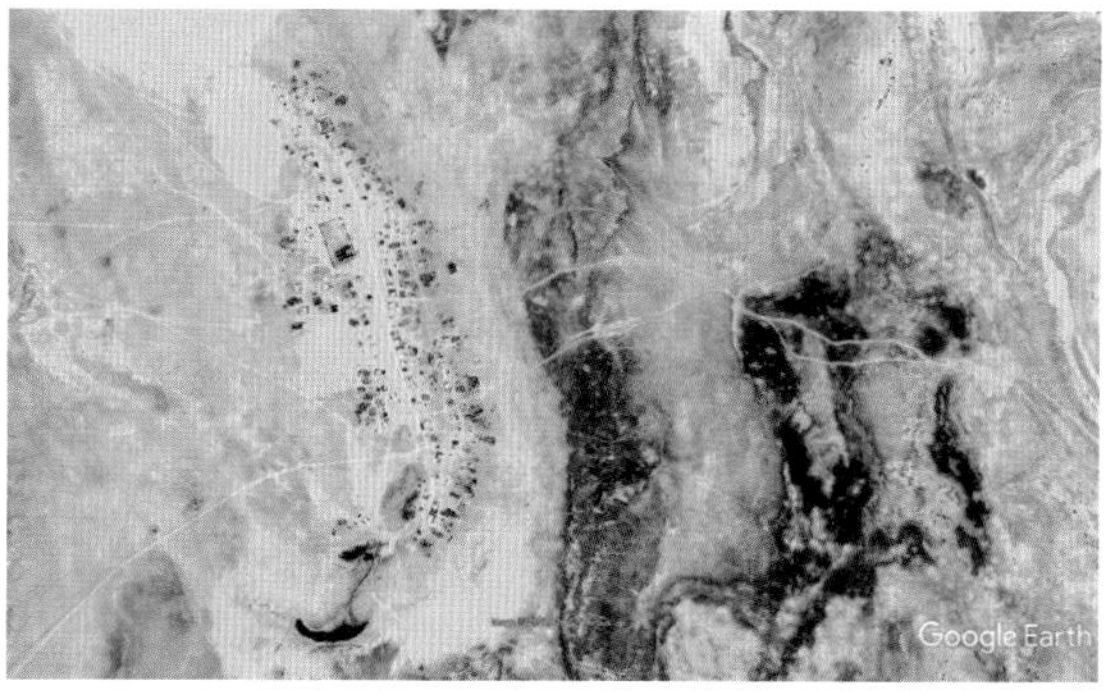

写真 6　2019 年のアクバストゥ村 Google Earth 衛星画像（出典：Google Earth）

　そして、アラル海災害の被害が広がっていく中で、ウマの種畜を目的とした旧ソ連の国営農場の支部が小アラル海の周辺に整備され、廃れていった漁業に代わり牧畜の基盤ができたことは地域にとって大きなことだった。この国営農場はラクダ飼養にも従事しており、民営化後の後継企業もラクダ飼養のベースをもっている（写真25）。一九八〇年代、国営農場で牧夫をしていたカザフが、独立後に牧畜専業で身を立て、アクバストゥの村人たちの中にも追随する人がでるようになった（写真16）。アラル海災害からの復興に牧畜、中でもラクダ飼養が果たした役割は、アクバストゥ村のような水源に乏しく（写真17）、隣村から遠く離れている村では極めて大きかった。

写真 7　家畜囲いの外で交尾の順番を待つメスラクダたち（アクバストゥ村、2020/02/11）

小アラル海地域でのラクダ飼養

　ラクダは四六時中、人が世話を焼かなければならない動物ではないが、きちんと管理することが必要だ。小アラル海の周囲に点在する村落では、村の周囲数十キロがラクダの放牧地となる。アクバストゥ村のラクダは、村南方の大アラル海の干上がった旧湖底に放たれている（写真15）。種オスが世帯ごとのラクダの群れを率いており、群れの位置やはぐれラクダがいないかどうかを把握するのが所有者の役割だ。沙漠の中で群れの位置を確認したり、特定の個体を追い立てたりするのには、オフロードでも小回りのきくバイクが役に立つ（写真18）。村の中に常時いる家畜の数はわずかである。

　二月には、交尾のために種オスとメス数頭を村の中に導き入れる（写真7、19）。ラクダの妊娠期間は十二ヶ月と長い。子ラクダが産まれると、乳利用を目的として、子ラクダ一～二頭を家畜囲いの中で飼養する。すると、母ラクダは子ラクダに乳を飲ませるために定期的に村に戻ってくる。その時に、人もラクダの乳を拝借するのだ（写真20）。ラクダの乳は発酵させてから飲用に供される。カザフはラクダの発酵乳を「シュバト」とよぶ。小アラル海の村々を訪れると、春から初秋にかけての時期、食前にシュバトが、食後にはラクダの乳を混ぜたミルクティーが供される。前菜の魚のフライも、メインの肉料理も脂っぽく、ラクダの乳が消化を助けてくれる。地元の人びとはとにかくラクダ乳が好きだ。若干のアルコール分を含むものの、シュバトは健康飲料だと信じられている（写真27、28）。

　小アラル海地域の集落では、ウシ、ウマ、ヒツジ、ヤギ、ラクダ、いわゆる五畜すべてを見かける。しかし、淡水が豊富なシルダリヤ川の河口域を除いて、ウシの数はごくわずかで、見かけたとしても弱々しく（写真21）、ウマについてもあまり強さを感じない。ウマもラクダと同じく種オスをリーダーとして群れで人手を離れて勝手に移動してゆく（写真22）。ヒツジやヤギは食用に供されており、数

写真8　家畜に所有者の印をつけるための焼きごて（タムガ）（アクバストゥ村、2018/08/28）

世帯を一つの単位として村人たちが輪番制で毎日の放牧に出てゆく（写真23）。かつて行われていたような、遊牧や季節放牧はこの地域では見られない。隣村まで数十キロ離れているような遠隔の村々では、「村のまわりすべてが放牧地ですから」と、かつての生業だった人と家畜が同時に動いてゆく移動牧畜を行うインセンティブはないようである。よって、ラクダ飼養は、小アラル海地域、特に、シルダリヤ川から離れた地域では――川のそばでは豊富な水を必要とするウシの飼養が卓越する――、自然条件にもっとも適した牧畜なのである。

　以上から分かるように、小アラル海地域のラクダ飼養にはそれほど人の手がかからない。他方で、都市から遠い小アラル海の遠隔村では、銀行が遠方にしか存在しないことから、ラクダを殖やしていくことが蓄財と同等の意味合いをもつ。だからこそ、村人たちは保有する正確な家畜頭数を語りたがらない。自分たちのラクダやウマは伝統的なタムガ（焼印）で判別する（写真8、24）。そして、村人たちは筆者のような地の果て、海の向こうからやって来たような外国人に対しても大いなるホスピタリティを示してくれる（写真9、29、30、32、33）。これは牧畜民なりの矜持であり、生き様である。

写真9　アクバストゥ村でのもてなし、夕げには近所の男衆も集う（2020/02/13）

牧畜が災害復興に果たした役割とは何か？

　二〇〇五年、世界銀行の支援で小アラル海を閉じるコクアラル堤防が建設されたことで、小アラル海地域での漁業が復活した（写真10、26、31）。地域の人びとの日常的な生活費は漁業からの収入でまかなえるようになった。よって、小アラル海地域での牧畜は、生き延びるための牧畜というよりも、ますます蓄財の意味が強まってゆく。そして、あまり人手のかからないラクダ飼養も、輪番制でのヒツジ・ヤギの飼養も、漁業やその他の職業（公務員、教師など）との兼業が可能だという点で、地域の生活スタイルに合ったものである。今

写真10　小アラル海で獲れたコイ（左）と欧州向け輸出用のスズキ（右）（アクバストゥ村北方、2017/09/07）

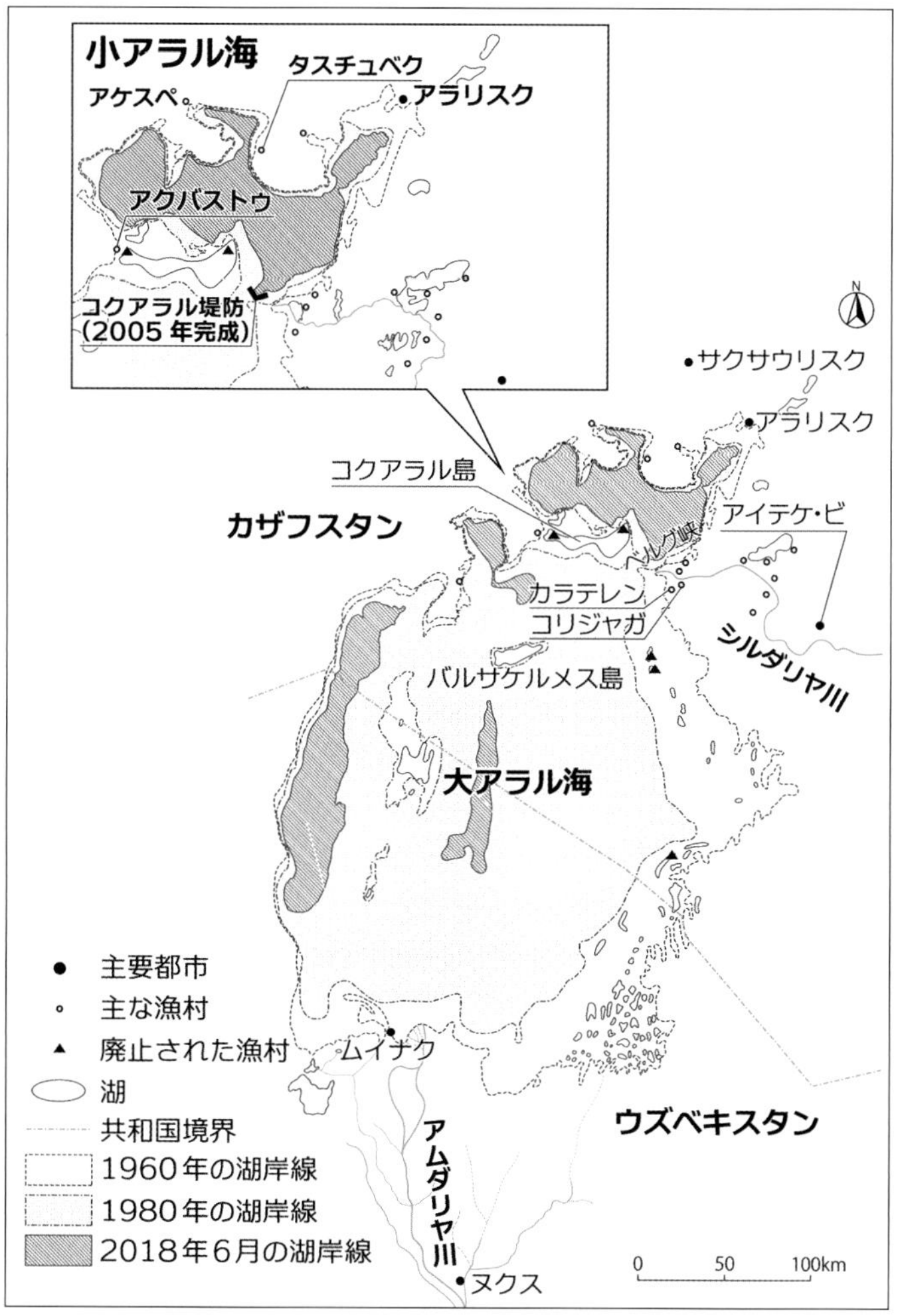

アラル海と周辺の湖岸線の変動と小アラル海周辺集落

日、小アラル海地域の村々の経済環境は決して悪くない。その好況感はアラリスクなど都市部にも伝わっており、都市インフラの再整備が現在進行形で行われている（写真34）。都市部でもラクダを飼養する世帯がある。

　牧畜がアラル海災害からの復興に果たした役割は大きい。それはどのような意味で大きいといえるのだろうか。一般に、社会・生態システムは、資源の利用、システムの保全、資源の開放、再組織化という、適応更新循環（Adaptive Renewal Cycle）のプロセスの中に常にあるとされる。この中で、資源の開放とは、何らかのかく乱要因により、システムそのものの更新を促すような「創造的破壊」が生じることを指す。そして、再組織化がこのシステムの更新を意味している。このようなかく乱要因に対して、その場にある社会・生態システム全体が完全に崩壊してしまうことなく、システムの更新のための自己組織化能力や適応・学習能力が高い、つまり柔軟な自己変革が可能な状態にあることは、「レジリエンス」という尺度で表現される［Berkes, Colding and Folke 2003］。そして、生態環境や人間文化の多様性を考えると、レジリエンスについて、個別の場所、つまり、小さなスケールでまず考える必要があると言える［半藤、窪田 二〇一二：七〇―七一］。

　本章で述べた小アラル海の事例に照らし合わせてみると、アラル海災害による漁業の壊滅と沙漠化というかく乱要因に対して、地域の人びとが行政の支援を得つつも、ラクダ飼養を中心とした牧畜に活路を見出し、地域の社会・生態システムの更新を行ったと言うことができるだろう。小アラル海地域のカザフたちにとって、牧畜を軸とした社会の再組織化を行うための基盤と条件が存在したということ、これが災害復興に大きな役割を果たしたのである。

引用文献

大塚健司
　二〇一五「生態危機と持続可能性：サステイナビリティ論の視座」大塚編『アジアの生態危機と持続可能性：フィールドからのサステイナビリティ論』アジア経済研究所、三―三七。

半藤逸樹、窪田順平
　二〇一二「レジリアンス概念論」香坂玲編『地域のレジリアンス：大災害の記憶に学ぶ』清水弘文堂書房、五一―七四。

Berkes Fikret, Colding John and Folke Carl
　2003 "Introduction," in Berkes, Coldin and Folke, eds., Navigating Social-Ecological Systems: Building Resilience for Complexity and Change (Cambridge: Cambridge University Press), pp. 1-29.

Levintanus Arkady
　1992 "Saving the Aral Sea," Water Resources Development 8(1), pp. 60-64.

［追記］筆者は、本稿を二〇二一年五月二六日に逝去された窪田順平先生に捧げる。窪田先生は筆者をアラル海研究へと導いてくれた師であり、二〇一四年九月には小アラル海地域でのフィールド調査をご一緒させていただいた。写真27の左から四番目が在りし日の窪田先生である。合掌。

写真 11　冬季、小アラル海は全面結氷する

写真 12　小アラル海の夕暮れ

写真 13　塩が地表面に吹き出している旧湖底

写真 11　冬季、小アラル海は全面結氷する（パノラマ写真）（アクバストゥ村北方、2020/02/14）
写真 12　小アラル海の夕暮れ（タスチュベク村至近、2014/09/16）
写真 13　旧湖底には所々塩が吹き出した真っ白な土壌（ソロンチャク）が分布する（カラテレン村南西方大アラル海旧湖底、2017/09/09）

写真 14　小アラル海の湖岸で休むラクダたち
（アクバストゥ村北方、2017/09/06）

写真 15　大アラル海旧湖底の放牧地にいるアクバストゥ村のラクダの群
（アクバストゥ村南方、2020/09/14）

写真 16　屠るために村人たちがオスラクダを捕まえる（アクバストゥ村、2020/02/13）

写真 17　アクバストゥ村の水源はこの浅井戸 1 箇所しかない
（アクバストゥ村西方、2018/08/27）

写真 18　バイクでラクダを追い立てる

写真 19　ラクダの交尾の様子

写真 22 「船の墓場」の影で休むウマの群れ

写真 20　子ラクダが母親から乳を飲む際に人もラクダ乳を拝借する

写真 23　早朝、数世帯のヒツジが放牧のために集まってくる

写真 21　アクバストゥ村で飼われているウシは総じて弱々しい

写真 24　焼印で家畜（ウマ、ラクダ）の所有者を判別する

写真 25　アクバストゥ村東方に現存する旧国営農場の家畜囲い

写真 18　バイクでラクダを追い立てる（アクバストゥ村、2020/02/12、筆者撮影）
写真 19　ラクダの交尾の様子（アクバストゥ村、2020/02/12）
写真 20　子ラクダが母親から乳を飲む際に人もラクダ乳を拝借する（アクバストゥ村、2017/09/07）
写真 21　アクバストゥ村で飼われているウシは総じて弱々しい（アクバストゥ村、2020/02/13）
写真 22 「船の墓場」の影で休むウマの群れ（アラリスク市西南方、2014/09/14）
写真 23　早朝、数世帯のヒツジが放牧のために集まってくる（アクバストゥ村、2018/08/30）
写真 24　焼印で家畜（ウマ、ラクダ）の所有者を判別する（アクバストゥ村、2018/08/27）
写真 25　アクバストゥ村東方約 40 キロの位置に現存する旧国営農場の家畜囲い（2017/09/08）

写真 26　小アラル海での夏季の刺し網漁

写真 29　アクバストゥ村でのもてなし（羊肉ピラフ）

写真 27　シュバトはオフィシャルな饗応の場でも供される

写真 30　民族楽器ドンブラを披露してくれるアケスペ村のタスボラト爺さん

写真 28　自家製のシュバト（ラクダ発酵乳）

写真 31　大アラル海側からみたコクアラル堤防

写真 26　小アラル海での夏季の刺し網漁の様子（アクバストゥ村北方、2017/09/07）
写真 27　シュバトはオフィシャルな饗応の場でも供される（木の椀に入っている白い液体）（アラリスク市、2014/09/22、レストラン「アラル」支配人撮影）
写真 28　ラクダを飼うどの世帯でも自家製のシュバト（ラクダ発酵乳）をつくる（コリジャガ村、2017/09/04）
写真 29　アクバストゥ村でのもてなし（羊肉ピラフ）（2020/02/13）
写真 30　民族楽器ドンブラを披露してくれるアケスペ村のタスボラト爺さん（アケスペ村、2014/09/17）
写真 31　大アラル海側からみたコクアラル堤防（2020/02/16）
写真 32　カザフの大ご馳走ベシュパルマク（塩味の羊肉すいとん）（アクバストゥ村、2018/08/27）
写真 33　小アラル海地域ではラクダ肉料理も振る舞われる（アクバストゥ村、2020/02/12）
写真 34　アラリスク市街地の真新しいモニュメント（2017/01/19）

写真 32　カザフの大ご馳走ベシュパルマク（塩味の羊肉すいとん）

写真 34　アラリスク市街地の真新しいモニュメント

写真 33　ラクダ肉料理

5　ヒマラヤでヤクと生きる
——ブータンの牧畜民が往来する境界とは

宮本万里

ヒマラヤ東部に位置するブータン王国で山岳高地に生きる牧畜民は、日々多様な境界を往還しつつ暮らしている。それは、寒冷高地の草原と亜熱帯の森という両極端な生態環境の境界であり、低地の農耕民との社会文化的な境界、耕すことと飼養することという生業における境界、低地のウシと高地のヤクの間にある生物学的な境界、さらには放牧地を横断する物理的な国境であったりする。それらの境界を行き来することは、限界的な寒冷高地で生き抜くために不可欠であり、短い距離で大きな標高差を移動できる山岳高地の環境はそれを可能にしてきた。

季節に応じて住居を変える人々

山岳地域の牧畜民は、古くから移牧という季節的な家畜移動を行ってきた。移牧は、夏は高地の放牧地で家畜を放ち、冬に向けて低地の放牧地へ移動する牧畜形態であるが、ブータン社会をみるとこうした季節的な移住は、牧畜民に限ったことでもなかったようだ。例えば、一七世紀に設立した仏教神政は、温暖で湿潤なプナカと冷涼で乾燥したティンプー、二つの渓谷にそれぞれゾンと呼ばれる城塞を兼ねた仏教僧院を築いて夏と冬で遷都し、二〇世紀に設立した世襲君主制も中央ブータンの二つの谷の間で季節的な遷都を行った。熱帯高地であるヒマラヤ地域は、同じ緯度でも標高の高低によって気候条件が全く違ってくるため、飼育に適した家畜や栽培に適した農産物の種類も、狭い地域内で大きく異なる。そのため、二つの地域の往還により、より多種の農作物や家畜を育てることができるのであり、農耕民にとっても高地と低地に耕作地を所有するメリットは大きかった。しかし、牧畜民の立場からすれば、低地の放牧地は〈余剰〉や、〈あったらよいもの〉ではなく、家畜飼養のために不可欠な要件となってきた。

山岳高地の家とテント

ヤクを飼う牧畜民の多くは、森林限界より下の山間に石造りの家や小屋を建設して定住村を作り（写真1）、夏季には森林限界を超える四〇〇〇メートル以上の高地で放牧を行い、移動式テントで暮らした（写真2）。ヤクの毛で編まれたテントは防水性が高いが通気性はよく、光を取り込む。森林地帯に入ると石造りや木造の放牧小屋が使われることもある。壁の石組だけが残された小屋の場合は、岩陰などに隠しておいた木板を広げて屋根を作る。

移動式テントの入口付近にはバターやチーズを作るための攪拌器やアルミの大鍋が置かれ、囲炉裏の上のフックには乾燥中のチーズや肉が吊り下げされている（写真3）。ウシと異なりヤクのチーズや肉は乾燥させて使うのが良いとされ、さらに燻蒸すれば独特の滋味を増し、長期間の保存も可能となる（写真4）。その他には、臭みが有名な発酵チーズもよく

写真１　高地牧畜民の定住村（ガサ県、2005、筆者撮影）〈以下、撮影者はすべて同じ〉

↓写真３　２本の柱と１本の梁がテントを支えている。梁からはチーズがびっしりと吊り下げられ、炉に近いものは燻蒸され黄色くなる（ガサ県、2005/07）

写真２　標高 4000 メートル超の稜線に設営されたヤク毛のスパイダーテント。入り口には穀物袋や攪拌機が所狭しと積み上げられる（ガサ県、2005/07）

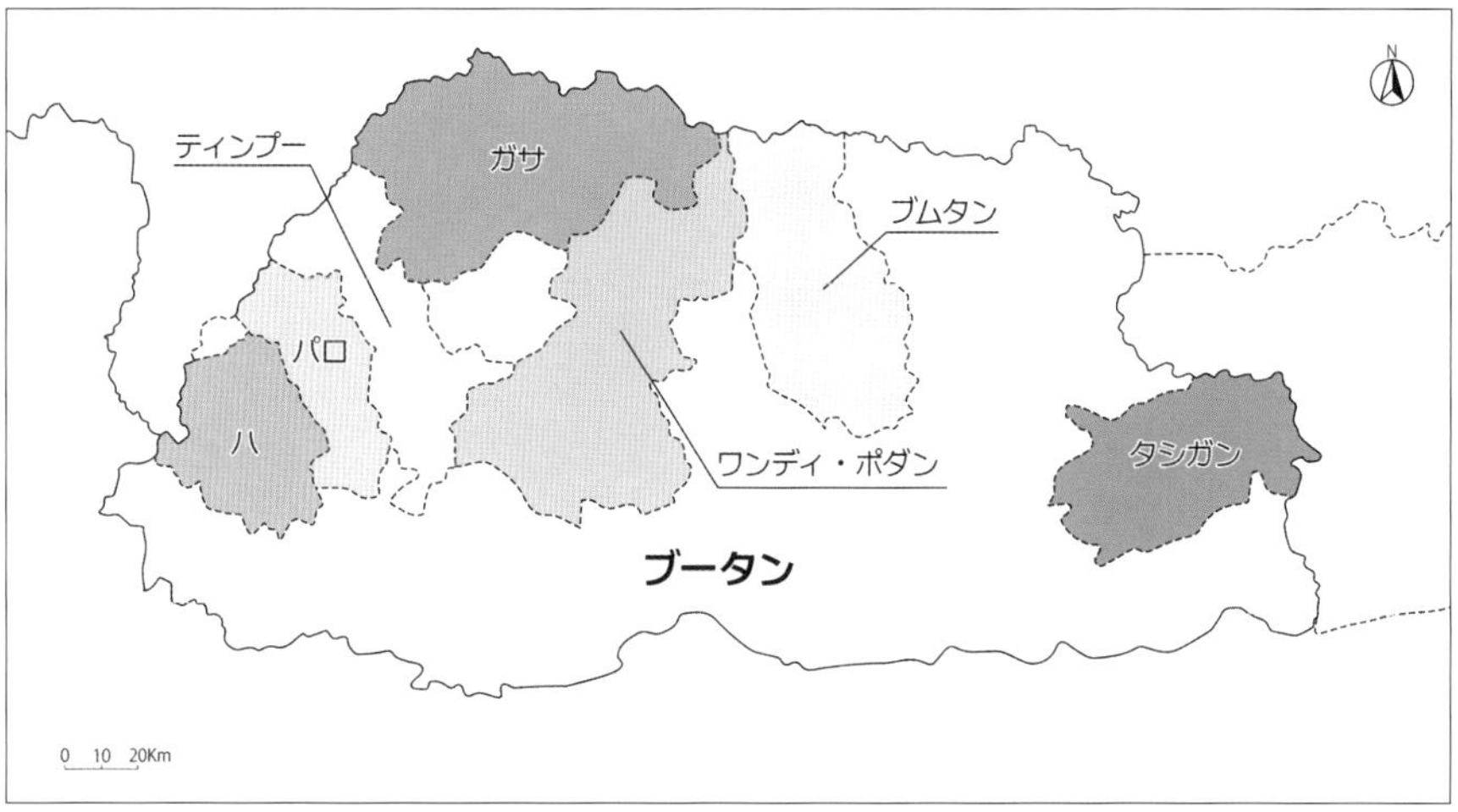

ブータンと本章の主な舞台

写真4　ヤクのチーズ。布で包み、重石を乗せて水気をよく搾り、四角く成形して乾燥する（ティンプー県、2013/10/31）

知られている。テントの壁際には中国製の毛布や手製の毛織物が積まれ、反対側にはコメやムギ、トウガラシの入った袋が並べられている。柔らかな光の差し込むテントの中は、厳しい気候の中に暮らす牧畜民を風雨から守るアジールなのだ。

低地と高地の放牧地

広大な草原を自由に駆け回るようにみえる牧畜民だが、実際のところ移動の範囲は放牧地の有無によって大きく制約されている。彼らは用益権を持つすべての放牧地に固有の名前をつけており、その境界は岩や木によって明確に認識されている。それぞれの放牧地を使う時期も期間も予め定められており、人々は標高の異なる放牧地を季節に応じて使い分け、一定の周期で繰り返し利用する。つまり、秋から冬にかけて高地の放牧地から低地の放牧地へと時間をかけて山を降り、春から夏にかけて再び同じ順序で高地へと帰っていくのだ（写真5）。南の森での暮らしも楽しいものだが、彼らがもっとも好むのは北部高地に広がる夏の放牧地だ（写真6）。風通しの良い開けた草原は良質の草を用意し、汚れた水や寄生虫で家畜が病気にかかることも少ない。春になると人々は、足取りも軽くヒマラヤの頂に向けて家畜を追っていく。

写真5　ラガップと呼ばれる牧畜民が、冬の移牧の際に、最初に立ち寄る放牧地。数世帯で共同利用し、各世帯が簡素な木造の放牧小屋を所有する（ワンディ・ポダン県、2019/11/26）

写真6　標高の高い寒冷高地はヤクたちにとって理想的な夏の餌場だ（ガサ県、2005/07）

放牧地の良し悪しは牧草と水源への近さや質によって測られる。放牧地の近くに水源がない場合でも、雪があれば条件を満たす。けれど、降雪量が少ない年は家畜用の水を谷川まで汲みに行く必要があり、家畜の世話を担当する女性たちにとっては厳しい暮らしになる（写真7）。とはいえ、他の牧民の放牧地で放牧を行うことはルール違反だとみなされる。牧草が不足する地域では、旅行者や交易用のウマが道すがら草を喰むことすら嫌がる者もいる。その頻度が大きければ、牧草は大きく減ってしまうからだ。

写真7　雪の少ない冬は、女性たちが谷川まで降りて水を運ぶ。桶が水で満たされると直ぐにヤクが近づいてきた（ワンディ・ポダン県、2019/11/26）

このように牧畜民の生活は水源の有無や牧草の質量によって大きく制約される。しかし、厳しい生活にもかかわらず、彼らは森や高原での暮らしを厭わず、定住村に残された老人たちは高地の暮らしを懐かしむ。そこには政府による管理や規制からの一定の自由があり、家畜や森から得られる資源は人々に自立的な生活を保障してくれる。神々に捧げるサン（お香）のための香木も清水も灯明のためのバターも、ヤクの病を治す薬草も、必要なものはすべて山が与えてくれるのだ（写真8）。

中間的な種を生み出す

ヒマラヤを生きる牧畜民は、家畜の種類も標高差に応じて取捨選択するが、時に高地に適した家畜と低地に適した家畜の中間種が生

写真8　国王が冬虫夏草採集を高地民に解禁した2004年以来、この希少な薬草の売買は高地牧畜民に多くの現金収入をもたらしている（ガサ県、2005/07）

写真9　森から定住村へ薪を運ぶゾとゾモ（タシガン県、2014/06/16）

写真10　比較的温暖な場所に定住村を持つ牧畜民は、交雑種のゾ・ゾモを中心に飼養し、畑をおこして自家消費用の穀物や野菜を栽培する（タシガン県、2014/06/16）

写真11　ツァンパは唐辛子のチーズ煮込みなど、辛いものと食べるのがブータン風（ハ県、2013/11/03）

み出されることがある。例えばヤクは湿度や暑さに弱いため南の低地には適さず、土着のウシは森林限界以上の地域ではあまり乳を出さない。そのため、これらの境界を跨ぐ地域に定住しながら牧畜を行う人々は、その中間種を生み出していった。例えばブータン東部タシガン県のメラ・サクテンでは、牧畜民が飼養している家畜の多くが、ヤクとウシの交雑種であるゾ（雄）・ゾモ（雌）から構成されている（写真9）。

交配は個々の種が持っていた生態環境上の制約を一旦緩和し、およそ二〇〇〇―四〇〇〇メートルの中間的な標高に適した家畜を生み出す。しかし、それは永続的なものではない。交雑種の雄であるゾは生殖能力を持たず、それによって雌のゾモはヤクかウシどちらかと交配することで出産し、乳を出す。そして、その末端の種は戻し交配を行えば、再びヤクやウシとしての属性を取り戻すことができた。このように、ヒマラヤ高地の種の越境はとりわけ往還的であり、循環的だともいえそうだ。ヤクを飼養する牧畜民であることを共同体の属性としながらも、ハイブリットな中間種を生み出し、高地と低地を往還する生活様式を維持しようとする人々の試みは、高地牧畜社会の越境性を示すもう一つの例といえるだろう。

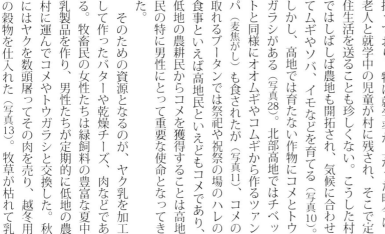

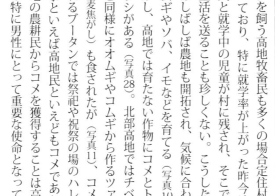

農耕社会とのつながりと交換

家畜の世話をする牧畜民が実際に年中放牧地を移動し続けている事実を考えると、彼らを定住的な村を持たない遊動民として想像するかもしれない。しかし、前述したように、ヤクを飼う高地牧畜民も多くの場合定住村を持っており、特に就学率が上がった昨今は、老人と就学中の児童が村に残され、そこで定住生活を送ることも珍しくない。こうした村ではしばしば農地も開拓され、気候に合わせてムギやソバ、イモなどを育てる（写真10）。しかし、高地では育たない作物にコメとトウガラシがある（写真28）。北部高地ではチベットと同様にオオムギやコムギから作るツァンパ（麦焦がし）も食されたが（写真11）、コメの取れるブータンでは祭祀や祝祭の場のハレの食事といえば高地民といえどもコメであり、低地の農耕民からコメを獲得することは高地民の特に男性にとって重要な使命となってきた。

そのための資源となるのが、ヤク乳を加工して作ったバターや乾燥チーズ、肉などである。牧畜民の女性たちは緑飼料の豊富な夏中乳製品を作り、男性たちが定期的に低地の農村に運んでコメやトウガラシと交換した。秋にはヤクを数頭屠ってその肉を売り、越冬用の穀物を仕入れた（写真13）。牧草が枯れて乳

写真12　定住村の家の奥の間に積み上げられた毛織りの毛布とチベット絨毯（ガサ県、2005/07）

写真13　ラヤの定住村にて。家の貯蔵庫に山積みされたコメ袋と、紐に吊るされたチュゴと呼ばれる乾燥チーズ。チュゴは中西部の農民の嗜好品として人気が高く、比較的高値で取引されてきた（ガサ県、2005/07）

量が減少する冬期にも、必要に応じて木材から家具や屋根用の木片を加工して農家に売り歩いた。そして、こうした交換経済を確実に行うため、彼らはしばしば低地の農村にネップと呼ぶパートナー世帯を持っている。両者は互いに宿を提供し、定期的に生産物を交換することで日々の生活を支え合い、また祭祀の際には互いに必要な供物の準備を手伝う。

チベットへの道

このように、低地の農耕民との結びつきは高地牧畜民の食を支えたが、他方で北側のチベット社会との交流も、彼らにとって不可欠なものだった。旧チベット政府にとってブータンは南の辺境国であると同時に、コメや林産物、薬草、織布など多様な資源が得られる豊かな「薬草の国」だったが、ブータンにとってもチベットは仏典、仏像、塩、鋳物など、生活と信仰、牧畜の維持に不可欠な資源を与えてくれる場所だった。しかし、中国共産党政府への抵抗としてチベットのラサで住民蜂起（一九五九年）が起こると、ブータン政府は国防のため北部国境の封鎖を余儀なくされた。だが、仏教僧の密かな交流はその後も続き、中国側で市場が発展すると、ガサ県など北西部高地の牧畜民は中国製のテレビやアンテナ、絨毯や毛布、衣類、タバコや酒などの商品を求めて密かに国境を往来した（写真12）。ブータンの中央政府からは辺境の陸の孤島とみなされた限界的な北部高地は、一つの文明の中心地であり急速な経済発展を続ける中国の市場へ最も近い場所でもあった。その優位性を彼らは密かに行使しながら、高地の暮らしをより快適で豊かなものにしてきたのだ。

また、北東部でインドのアルナーチャル・プラデーシュ州と国境を接するタシガン県のメラ・サクテンでは、独特の民族衣装や慣習や信仰を国境の向こう側の人々と共有し、家畜を交換し、市場を共有してきた。彼らは圧政の厳しいチベット東部から山の女神アマ・ジョモに導かれて逃れて来たという伝承をもち、その女神への信仰を通してインドのチベット社会と繋がり続けている（写真14）。

写真14　獣皮のベストを着るサクテンの男性（タシガン、2014）

このように、ヒマラヤの稜線から同心円上に広がる環ヒマラヤ地域は、気候や植生を共有し、一つの生態文化圏を生み出してきた。それは国境を超えて同じ標高に暮らす人々を、生業や慣習あるいは信仰で結びつけ、共同体同士の境界線をときに曖昧なものにした。ヤクやその交配種を飼う高地の牧畜民は、こうした環ヒマラヤ的な環境の中で標高差を活かし、様々な形の越境性を身につけることで、その厳しさを生き抜いてきたのだ。

写真 15　冬の放牧小屋

写真 17　チーズ作り

写真 16　放牧小屋の正面入り口

写真 18　放牧小屋の内部

写真 19　女性たちは忙しい

写真 15　冬の放牧小屋。牧畜民はこれらの牧畜小屋におよそひと月ほど滞在する。そして周辺の牧草が枯渇する前に、ヤクを連れて次の放牧地へ移動していく（ワンディ・ポダン県、2019/11/26）
写真 16　放牧小屋の正面入り口。屋根には餌用の枯葉が積み上げられ、入り口横には調理・暖房用の薪と、木の幹をくり貫いて造作した家畜用の水桶が置かれている（ワンディ・ポダン県、2019/11/26）
写真 17　チーズ作り。バターを抽出した脱脂乳を大鍋で加熱し、柄杓でゆっくりと混ぜながら凝固を促す（ティンプー県、2013/10/31）
写真 18　冬の放牧小屋の内部。床には藁や針葉樹の葉が絨毯代わりに敷き詰められ、囲炉裏の上には、家畜の肉が吊るされている（ワンディ・ポダン県、2019/11/26）
写真 19　牧畜民のテントの中では、ヤクの乳からバターとチーズを作る作業が続く。作業を担うのは女性たちだ（ティンプー県、2013/10/31）

写真 20　冬の放牧地から低地の農村へ続く山道からの眺め

写真21　メラとサクテンをつなぐ道

写真22　夏の放牧地のヤクの群れ

写真23　夕暮れの餌やり

写真20　冬の放牧地からの眺め。秋も深まった11月末、ブータン中西部でラガップと呼ばれる牧畜民が滞在していた高度4000メートルの飛び地的な放牧地を訪ねたあと、急勾配を降ると、眼下には暖かな日差しの降り注ぐ長閑な谷が広がっていた。谷には牧畜民とネップ関係を持つ農耕民の家が点在し、乳製品を穀物やトウガラシと交換してくれる。熱帯高地のブータンでは、寒風が吹き荒ぶ高地の放牧地から数時間降りただけで、風景は全く異なる様相を見せる（ワンディ・ポダン県、2019/11/26）

写真21　メラとサクテンをつなぐ道。隣村までの道のりは遠い（タシガン県　2014/07/18）

写真22　ラヤの牧畜民が使う夏の放牧地。数十頭のヤクを母親と娘2人で世話をしていた。近くに川が流れ、石楠花がところどころに群生する美しい谷だった（ガサ県、2005/07）

写真23　夕暮れになると子どもにだけ餌をあげる（ワンディ・ポダン県　2016/02）

写真 24　冬の放牧地

写真 27　水や茶で練って食べる準備ができたツァンパ

写真 25　風邪に効くという薬草

写真 28　農家の軒下で乾燥されるトウガラシ

写真 26　ヤクの肉もウシの肉も乾燥させて保存し、野菜やトウガラシと一緒に煮て食べる

写真 29　ウマは大切な相棒だ

写真 30　牧畜民の定住村に広がる麦畑

写真 24　ラガップの冬の放牧地は、森林を抜けた先にぽっかりと広がっていた（ワンディ・ポダン県 2019/11/26）
写真 25　煎じて飲むと風邪に効くという木の根。森と草原を居住地とする牧畜民は薬草の知識が豊富だ（パロ県、2013/11/07）
写真 26　ヤクの肉もウシの肉も乾燥させて保存し、野菜やトウガラシと一緒に煮て食べる。味付けは塩とオイルとトウガラシだけだが、寒風に晒された乾燥肉から味が滲み出てなんとも美味しい（タシガン県、2014/07/18）
写真 27　食べる準備ができたツァンパは炒ったムギの粉をバター茶などで練ったもの（ハ県、2013/11/03）
写真 28　牧畜民とネップ関係にある農家の軒下には、トウガラシが日干しされていた。ブータン人の主菜であるトウガラシは、ペーストにしたり、チーズや肉野菜と一緒に丸ごと煮たりして食べる（ワンディポダン県、2019/11/27）
写真 29　ブータン東端のメラとサクテン、二つの牧畜村の間には標高 4000 メートル超の峠と豊かな森が広がり、人々はその恵みを受けて暮らしている（タシガン県、2014/06/16）
写真 30　ラヤの牧畜民の定住村。2 階から 3 階建ての大きな家屋が密集して建てられ、その前にはムギの畑が広がっている。村の売店では国境を超えて中国から仕入れた布や雑貨、タバコが売られており、いくつかの家には密輸されたというアンテナやテレビ、ソーラーパネルなどが設置されていた。解禁されたばかりの冬虫夏草採集が村に現金をもたらし始めていた（2005/07）

写真 31　民族衣装を身につけた学校帰りの少女たち

写真 32　男性用の毛織り物を縫い合わせる女性

写真 31　学校帰りの少女たち。ブータンの学校では国民服の着用が義務付けられている。低地では女性はキラと呼ばれる一枚布の衣装がそれに当たるが、メラとサクテンでは、独自の民族衣装の着用が許されている。野蚕の貫頭衣に鮮やかな刺繍の施された上着を纏う。成人女性の場合は石のネックレスとフェルトでできた雨よけの帽子がセットになる。国境の向こうに住むタワンの牧畜民も同様の民族衣装を着用している（タシガン県　2014/07/14）
写真 32　メラとサクテンでは男性は葡萄色の羊毛フェルトの着物を身体の前で合わせ、帯でたくし上げて着用する。同様の衣類の色違いは、ワンディ・ポダン県のセフやポブジカなどに住む高地牧畜民も着用している（タシガン県、2014/07/14）
写真 33　ヒツジの毛とヤクの毛は寒冷地の織物に不可欠だ。ヒツジは供犠にも使われる（タシガン県　2014/07/14）
写真 34　森からくる男性たちは、しばしば獣皮のベストを着ている（2014/07/14）
写真 35　教科書をのぞきこむサクテンの男性たち（タシガン県　2014/07/14）

写真 33　ヒツジもいる

写真 34　森からくる男性たちは、しばしば獣皮のベストを着ている

写真 35　教科書をのぞきこむサクテンの男性たち

6　山と町を往還する
——グローバル化はアンデス牧畜をいかに変えたか

佃　麻美

中央アンデス高地

標高四八〇〇メートル、森林限界もとうに超えた高地で牧畜民たちはアルパカやリャマと共に暮らしている。高い木々がない分、視界が開けた高原は、五〇〇〇メートル近い標高とは思えないほど広々としており、また低緯度であるため富士山より一〇〇〇メートルも高いわりには温暖だといえる。一年で最も寒い乾季の六月でも最低気温は氷点下を少し下回る程度である。とはいえ紫外線も強く空気も薄い中央アンデス高地が、人間の生存にとって厳しい環境であることは確かだろう。この環境に適応した家畜が、南米で家畜化されたラクダ科のアルパカとリャマなのである（写真1、2）。

写真１　囲いの中のアルパカ（ペルー共和国クスコ県、2014/08/01、筆者撮影）〈以下、撮影地、撮影者はすべて同じ〉

アルパカの主要な畜産物は良質な毛であり、リャマは荷駄獣としての利用が最も重要である。両家畜とも肉を食用として利用するが、乳は利用しない。アジアやアフリカにおいては、乳は家畜を殺すことなく手に入る重要な食糧であるだけでなく、搾乳が家畜群のコントロールを容易にする重要な技法であると考えられていたため、この要素が欠如しているアンデスのアルパカ・リャマ飼養は、果たして「牧畜」なのかということが疑問視されたこともあった（ちなみに、牧畜におけるもう一つの重要な技法として去勢があるが、これはアンデスでも行われている）。

写真２　リャマ（2014/12/30）

またアンデス牧畜には搾乳しないということに加えてもう一つ、他にはない特徴がある。それは「定牧」ということだ［稲村一九九五、二〇一四］。家畜と人が遊動しながら生活する「遊牧」ではなく、定住的な牧畜であるということである。牧畜民の各家族は一定の放牧領域を占有し、その領域内に複数の住居を持っている。季節的な移動はその住居のあいだで基本的におこなわれるが、各住居の場所に大きな標高差はなく、また移動距離も小さい（写真4、5）。

写真３　日帰り放牧の様子（2015/02/02）

写真４　季節的な移動（2015/01/07）

このようにアンデス牧畜は、従来知られていた牧畜とは異なる特徴を持つが、アルパカ・リャマに大きく依存した生活様式は、やはり牧畜といって差し支えないだろう。現在では、これらのラクダ科動物に加え、ヨーロッパから持ちこまれたヒツジやウマ、ウシなどもいっしょに飼養されている。

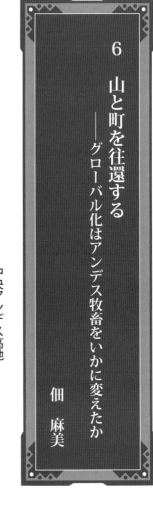

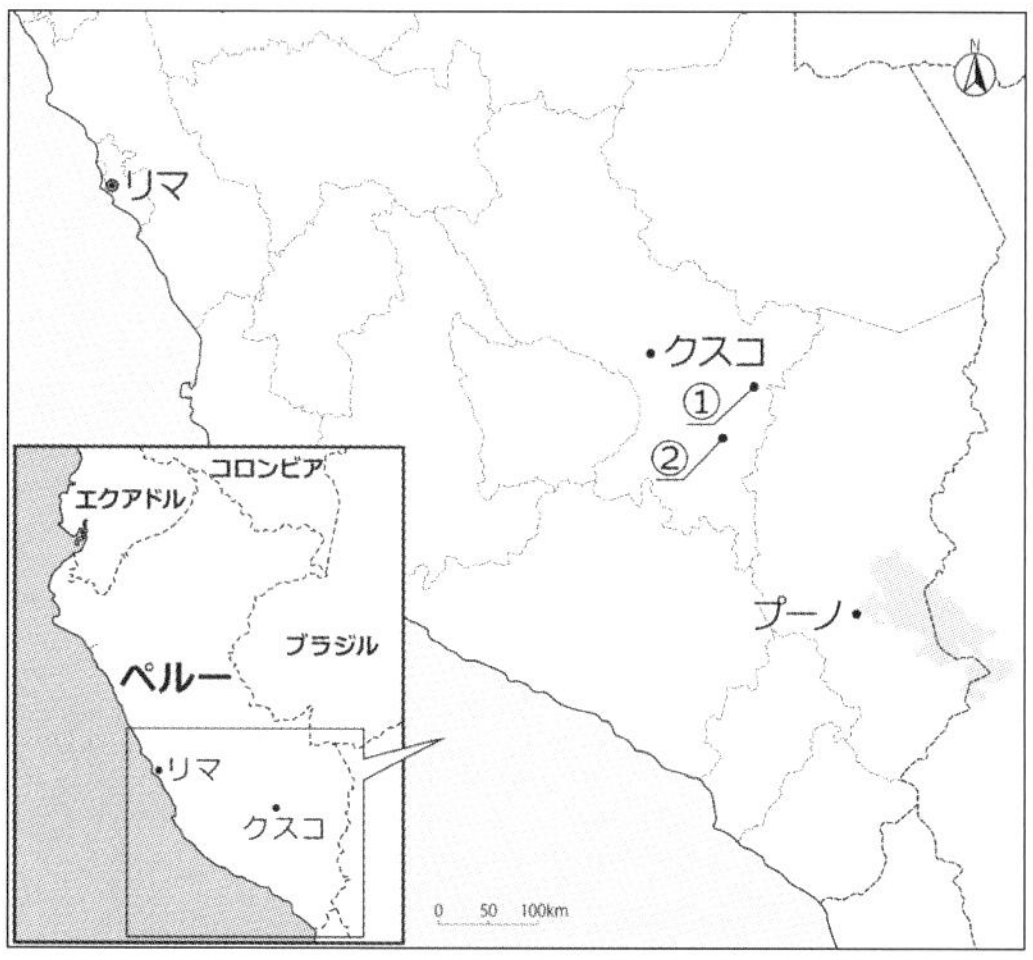

クスコ県とその周辺

山での生活

調査地となる牧畜民村落（ペルー共和国クスコ県、地図中①）にはじめて入ったのはもう一〇年以上前だ。村から最も近い町で、停留所だと教えられた、特に何の目印もない通りに早朝立っていると、現れたのがトラックだったので最初は驚いた。荷物と家畜と人が区別なく荷台に押し込まれる。荷台に座っているとお尻が痛くなるような、未舗装のでこぼこ道を四、五時間走り、真っ青な空に目が痛くなるような真っ白な万年雪をかぶった山々が遠くに見えてしばらくすると、ようやく目的地である村の中心部に到着した。

中心部には家々だけではなく学校や小さな病院、売店、食堂などが集まっているが、当初は電気もガスも水道もほとんど整備されていなかった。トラックから下りた人々のなかには、町から積んできた荷物を担いで高原のかなたに歩き去っていく人もいる。各人の放牧地は広範囲に散在しており、常時村の中心部に住んでいる人はほんのわずかなのだ。歩いてすぐのところに放牧地がある人もいれば、数時間も離れた場所で放牧している人もいる。

写真5　姉妹は隣人の家畜の移動を手伝った後、イヌとともに家に戻る（2015/01/08）

村での生活の中心は何よりも放牧である。朝、家の前で座り込んでいる家畜たちに牧夫が口笛を吹きながら近づいていくと、群れは驚くほど容易に動き出す。その日の放牧場所に追い立てていき、そこに着くと、風避けのために積んだ土塊の傍らや見晴らしの良い場所に腰をおろし、家畜を見張る（写真6、11）。ラジオを流し、持ってきたアルパカの毛から糸を紡いだりしながら、群れから大きく離れようとする家畜がいれば追い戻す。時間とともに少しずつ移動していき、昼過ぎになると、群れを少し家の方に近づけて、しかし放牧地に残したまま、牧夫は先に家に戻ってしまう。それでも夕方になれば群れのほとんどは勝手に家の前まで戻ってくる。牧夫は日が暮れる前に、その日の放牧ルートをたどり直し、まだ残っている少数の家畜を家の前まで追えばいい。その後は夕食である。

写真6　放牧中、家畜を見守りながら糸を紡ぐ（2010/03/23）

ろうそくか懐中電灯だけが明かりであったときは、食事が終わってできることといえばおしゃべりくらいであった。中央アンデス高地では、特に乾季は湿度が低いため空気が澄んでおり、見渡しても明かり一つ見えない放牧地で夜空を見上げると、これまで見たことがないくらい多くの星が明るくはっきりと見えた。だが、ある年にソーラーパネルが各家族に配られ（選挙対策として配られたのだと現地の人は話していた）、遠く離れた放牧地であってもまがりなりにも電気が使えるようになった（すぐに故障してしまい、使えないまま放置しているところもあるが）。ソーラーパネルは夜に明かりだけでなく、DVDプレイヤーなどで映画を見るといった娯楽ももたらした。

家畜の乳を食料としない牧畜民たちにとって、主食は農作物で、特にジャガイモはよく食べられる（写真7）。ジャガイモは南米原産で、数百もの品種があるといわれる。しかし、標高四八〇〇メートルの高地で農耕はできない。伝統的には、牧畜民たちは農民と交易することで農作物を手に入れていたという。農作物の収穫期になると牧畜民たちはリャマのキャラバンを率いて農村を訪れ、収穫物の運

写真7　ある日の携帯食。右側の包みはジャガイモをゆでたもの、左側の包みは加工した乾燥ジャガイモ（チューニョ、モラヤ）とアルパカ肉の茹でたものである（2010/09/21）

写真８　毛の売却。刈りとった毛の主な売却先は町の仲買人である。品種（ワカヤ・スリ）と色（白色・有色）によって値段が違っており、秤で重さを量って値がつけられる（2017/01/09）

搬を手伝ったり、畜産物などと物々交換したりすることによって、農作物を獲得するのだ［稲村　一九九五］。

しかしながら、道路や市場が整備されるようになった近年では、必要なものは町の市場で買えるため、リャマのキャラバンによって主食を獲得することは少なくなっている。必然的に現金が必要となるわけだが、そのために重要性を増しているのがアルパカである。

アルパカ毛は、家畜の肉や羊毛と比べて高値で取引されるため、現在では牧畜民の重要な収入源となっている（写真８、12）。さらに、良質なアルパカ毛は輸出品にもなるため、国や地方自治体、ＮＧＯなどがその品質を改良しようとさまざまなプロジェクトを始めており、こうしたことも牧畜民の生活を変化させている。分かりやすいのは群れの色である。アルパカ毛のなかでも、染色しやすい白色のほうが高値で売れるため、牧畜民たちは白色の個体どうしをかけあわせるよう努め、群れには白色の個体が増えている（写真３）。

町での生活

牧畜民の生活は村だけでは完結しない。リャマのキャラバンで農作物を手に入れていたときには農村との関係が重要であったし、近年では必要なものを手に入れるため、市場などがある「町」が重要な拠点となっている。村から最も近い町（ペルー共和国クスコ県、地図中②）の標高はおよそ三五〇〇メートル、日本的な感覚からすると十分高く感じられるだろうが、村よりはずいぶん低く、農耕も可能だ。

地方都市どうしを結ぶ幹線道路沿いにあるこの町には、レストランや銀行、市場などがそろい、電気や水道といったインフラも整っている。人々は、ここで主食の農作物を含め、自給できないさまざまなものを買う。人によっては村では受けられない「良い教育」を受けさせるために子どもを学校に通わせる。またアルパカ毛や家畜の肉を仲買人に売って現金を得る。さらにさまざまな情報の窓口となっているのもこの町だといえるだろう。

写真９　家畜品評会の準備。毛をきれいに刈り込み、見た目を整えている（2010/08/12）

現在、牧畜民の生活に影響を与えているものの一つはアルパカの品質改良であるが、牧畜民に品質改良を教えようとする獣医や技術者はこの町を経由して村へと向かう。また品質改良をしたい牧畜民が、家畜品評会に参加したり、改良用の家畜を売買したりするためにはやはり町に下りてくる必要がある。

写真10　生まれたばかりの仔アルパカ（2014/12/29）

品質改良を進めるためには放牧地での改良の実践が必要なのはもちろんであるが、家畜品評会もまた欠かせない活動の一つである。牧畜民たちは品評会で専門家の評価を聞くことによって、どのような家畜が「良い」とされるのか、現在の商業的価値を反映した選抜基準を学ぶことができるし、自身の家畜に下された評価から改良の進捗度を知ることができる。また品評会の場が家畜売買の場ともなり得る。改良は、より良い家畜を自身の家畜とかけあわせることで進めていくので、品評会のあいまに他の人の家畜を見てまわり、より改良が進んだ家畜を買う人もいる。品評会で優秀な成績を収めれば、優良な家畜を持っていることを周囲に知らしめ、そうして家畜を売ることもできるかもしれない。

写真 11　雪の日、家族で放牧（2014/08/15）

写真 12　二人がかりでアルパカの毛を刈る（2010/03/08）

ただし、品評会に参加するためには人手という意味でも金銭的な意味でも多大な労力がかかる。まず準備として、品評会に出すアルパカを選抜して、数日かけてその見た目を整える（写真9）。余分な毛を刈って美しく整えられたアルパカはお人形のようだ。品評会の会場に運ぶためにはトラックを手配しなければならないし、会場で世話をする人も必要である。品評会に出る家畜は群れのなかのごく一部で、残りの多くの家畜はいつも通り放牧されるので、普段の牧夫とは別に、こういった準備や運搬に関わる人手を確保しなければならないのだ。家族だけでまかなえない場合には、親戚や知り合いを雇う。雇った人たちの食事や品評会中の家畜の餌も出費となることを考えると、大きな金銭的負担である。

しかし、そうやって労力をつぎこんだアルパカは、牧畜民にとって特別なものとなるのだろう。品評会で入賞したアルパカとともに記念撮影をする牧畜民たちはとても誇らしげである。それだけでなく、改良用として家畜を売却できれば（種オスの取引の方が多く、また高値もつくが、メスも改良用として生体個体が取引される）、他の畜産物とは比べものにならないような大きな利益を上げることができる。こうして改良で成功を収めた人は、ますます改良に邁進していくのである。

アルパケーロたち

道路網が整備され、市場で農作物などが手に入れられるようになった現在、荷駄獣としてのリャマの重要性は下がっている。村ではすでにリャマを手放してしまった人もいるし、群れに残していたとしてもリャマは「単なる飾り」と言う人もいる。かつてリャメーロ（リャマを飼う人）と呼ばれた牧畜民は、今ではアルパケーロ（アルパカを飼う人）になった［鳥塚 二〇〇九］。

早くからアルパカの品質改良に積極的に取り組み、経済的に大きな成功を収めたある夫婦は、もう自身では放牧をしていない。雇った牧夫に放牧地での日々の家畜の世話はまかせ、自分たちは町に住む。将来的にも村でずっと暮らす気はないらしい。寒いし、ガスコンロもないから料理はかまどでしなければならないし、シャワーも浴びられない、山の上の暮らしは厳しい、とかれらは語る。毛刈りだったり、病気の治療だったり、はたまた家畜品評会の準備であったり、重要なことがあるときだけ放牧地に向かう。それでもかれらは「アルパカが好きだ」と自信をもって言うし、自分たちが「アルパケーロ」であることに誇りをもっている。山と町を往還することが、かれらの生活を成り立たせるためには不可欠なのだ。

引用文献

稲村哲也
一九九五 『リャマとアルパカ：アンデスの先住民社会と牧畜文化』花伝社。
二〇一四 『遊牧・移牧・定牧：モンゴル・チベット・ヒマラヤ・アンデスのフィールドから』ナカニシヤ出版。

鳥塚あゆち
二〇〇九 「開かれゆくアンデス牧民社会：ペルー南部高地ワイリャワイリャ村を事例として」『文化人類学』七四―一：一―二五。

写真 13　カーニバル、キツネを手に踊る（2013/02/10）

写真 14　繁殖儀礼、家畜を飾りつける（2015/02/12）

写真 15　標高 4800 メートルの放牧地

写真16　早朝、放牧に出るのを待つ

写真15　標高4800mの放牧地。中央アンデス高地では標高4000メートル以上の場所でも家畜が飼われている（2010/03/34）
写真16　アンデス牧畜は遊牧ならぬ「定牧」であるといわれている。低緯度高地に位置するため、1年を通して気温の変動が小さく、定住的な牧畜が可能になっている［稲村　1995］（2017/02/09）
写真17　荷駄獣であるリャマは、道路網が整備され、市場へのアクセスが容易になった現在、活躍の機会が減っており、飼うことをやめてしまった人もいる。しかし、車が通行可能な道路から奥まった放牧地に物を運ぶ際などには、今でも使われることがある（2017/01/04）
写真18　アルパカにはさまざまな色があるが、近年、染色しやすい白色の毛が高く売れる傾向があるため、群れの中でも白色が増えている（2016/11/16）

写真18　アルパカにはさまざまな色がある

写真17　荷を積むために集められたリャマ

写真 19　アンデス牧畜では日帰り放牧を女性が担うことも多い

写真 21　多くの家はイヌを飼っている

写真 20　ビクーニャ

写真 22　雪の日の放牧

写真 23　移動の途上、イヌと人

写真 24　牧畜民はとても健脚である

写真 19　アンデス牧畜では日帰り放牧を女性が担うことも多い。男性は現金収入の獲得のため、町などに出稼ぎに行ってしまうことも多いからである（2010/04/08）

写真 20　ビクーニャはアルパカの野生祖先種である。アンデス高地は家畜とその野生祖先種が共存する稀有な地域なのだ。ビクーニャはアルパカ以上に良質な毛をもっているため、一時は乱獲され絶滅の危機に陥っていた（2017/02/03）

写真 21　多くの家はイヌを飼っており、放牧となるとついてくるが、牧羊犬としては役に立っているようには見えない。イヌの仕事は、番犬として知らない人が近づいてきたときに吠えること、また出産シーズンには夜、仔家畜を天敵であるキツネから守ることである（2010/04/11）

写真 22　雪の日の放牧。アンデスの気候は乾季と雨季にわかれており、雨季の方が相対的に温かいが、標高が高く常に気温は低いので、降雨は雪となる。午後から降り始めることが多く、場合によっては一晩中雪が降る。朝起きると一面真っ白になっているが、太陽が出ると強い日差しによってあっという間に溶けてしまう（2010/03/29）

写真 23　「定牧」はまったく移動しないということではなく、家畜飼養が高原という特定の生態系の一定の領域内で完結していることを意味する［稲村　2014］。季節的な移動は、各世帯の複数の住居をローテーションするのが基本である（2015/01/07）

写真 24　牧畜民はとても健脚である。幼い子がいる場合には、母親は子を背負って放牧することも珍しくない。写真は町に出るため、放牧地から車が通る道路まで 3 時間程度の道程を歩いているところ。背中には生まれたばかりの仔ヒツジを背負っている。この後、手を引いている娘が駄々をこねたため、娘まで背負っていた（2015/01/08）

写真 25　アルパカの出産

写真 26　仔を抱いて母アルパカを誘導する

写真 27　アルパカの流産した胎児

写真 25　雨季はアルパカ・リャマの出産シーズンである。牧畜民は生まれたばかりの仔を適宜介助して、少しでも生きのびる仔を増やそうと努力している。仔が死ぬ一つの原因は寒さであるため、寒さ除けのカバーをかけたりもする（2015/01/06）
写真 26　仔を抱いて母アルパカを誘導する（2014/12/29）
写真 27　アルパカの流産した胎児は、儀礼の道具になるため、乾燥させて売る（2014/11/29）
写真 28　毛刈りのシーズンもまた雨季である。アルパカ毛は現在、牧畜民の重要な現金収入源である。近隣の人や親類が集まって一斉に刈る（2016/12/12）
写真 29　アルパカの毛刈り。下にシートを敷いて毛が汚れないようにするのは、近年導入されるようになった方法である（2014/11/09）
写真 30　アルパカの毛刈り（2014/11/09）

写真 28　毛刈りのシーズン。人を集めて一斉に刈る

写真 30　アルパカの毛刈り

写真 29　アルパカの毛刈り

写真 33　一部の家畜は人と非常に親密な関係を築いている

写真 31　家畜品評会

写真 34　毛の運搬

写真 32　家畜品評会で入賞したアルパカと記念撮影

写真 35　乾燥ジャガイモ・チューニョを作る

写真 36　カーニバル、キツネと水鳥を手にして

写真 37　カーニバル

写真 38　繁殖儀礼

写真 31　家畜品評会。アルパカの品質改良を進める人たちにとって重要なイベントが家畜品評会である（2010/08/16）
写真 32　家畜品評会で入賞したアルパカと記念撮影をしているところ。垂れ幕とリボンが贈られるほか、さまざまな賞品もついてくる（2010/09/03）
写真 33　家畜は人とは一定の距離を保つのが普通だが、品評会に出すアルパカなど一部の家畜は人と非常に親密な関係を築いている。名前を呼ぶと反応したり、人が触れることを許容する（2010/03/12）
写真 34　毛の運搬。仲買人のところに大量に集められた毛は、トラックに満載され、紡績工場があるペルー第二の都市アレキパに運ばれる（2017/01/07）
写真 35　チューニョを作るため、収穫したジャガイモを天日に干し、足で踏んで水分を出しているところ。ジャガイモは牧畜民にとって重要な食物である。原産地である南米では加工技術が発達しており、乾燥ジャガイモ（チューニョ、モラヤ）にすることで長期保存を可能にしている（2010/08/11）
写真 36　2 月はカーニバルの季節である。村落では、各地区の人々が踊りを披露する。その際、あらかじめ生け捕りにしておいた水鳥やキツネ、ビスカチャ（野生ウサギ）を手に持って踊る。仔家畜の天敵であるキツネは殺されるが、ビスカチャは村の聖なる岩場で儀礼をおこなった後、解放される（2013/02/10）
写真 37　カーニバル。左側手前の人が手にしているのがビスカチャ（2015/02/15）
写真 38　カーニバルの前後は、牧畜民にとって繁殖儀礼の季節でもある。家畜を囲いに集め、儀礼を行う（2015/02/12）

コラム2

モンゴルの乳しぼり

——牧畜民と家畜の心は通うか

上村　明

乳しぼり

家畜の乳しぼりは、牧畜のなかでも重要で特殊な作業だ。子が飲む乳をヒトが横取りして利用する。そのために母と子を分離し、搾乳のあとで再統合する。分離の方法には、ロープ（写真3・4）や鼻串（写真5）、口枷（写真6）といった道具を使う方法もあるし、隣の世帯と子や母を交換し、昼間母子をべつの群れのなかで放牧する空間的な分離方法（写真7・8）もつかわれる。

母と子の分離と統合の過程で、実際の母子の関係だけでなく、母を失った子ヒツジと子を亡くした母ヤギの異種どうしの組み合わせもつくられる（写真13・14）。乳しぼりという作業をつうじて、ヒツジ・ヤギの母子関係は構築されるのである。そして、ほかの牧畜民世帯との協力関係も構築される。

家畜を群れつまりマス（集団）としてあつかう毎日の放牧のやりとりとはちがい、乳搾りは牧畜民が家畜を個としてあつかう、ヒトと動物の一対一の作業だ。それだけ交渉は濃密になる。ヒトは、放牧の時より頻繁に家畜にかけ声をかける。

かけ声

モンゴルの家畜のかけ声は、大きく分けて三通りに分けられる。家畜をヒトから遠ざけるかけ声（写真16）、近づけるかけ声（写真13）、注意を喚起するかけ声である。

日本語では「家畜」で括られる動物は、モンゴル語では牧畜の対象となる草食で群居性の家畜を「マル」、その他の家畜を「テジェーウェル・アミタン（飼養動物）」とはっきり区別する。牧畜には、牧畜民と家畜（マル）との適度な距離が必要だ。家畜になって野生よりヒトにちかい関係になったとしても、イヌやネコのようにちかづきすぎてもいけない。ヒトをおそれるからこそ群れをつくり放牧が容易になる。家畜は群れのなかに身を隠して自分を守ろうとする。かけ声によるやり取りは、ヒトと家畜との関係そのものを構成するのだ。

モンゴルの牧畜の場合、家畜のかけ声は、一部かさなるものの家畜の種類によってことなり、ヒトから遠ざけるかけ声、ヒトへの警戒感をやわらげ、ちかづけるかけ声、注意を喚起するかけ声、それぞれおおくて二、三種類である。

強度や抑揚をかえたりくり返すことはあっても、音声の組み合わせを自由に変えてかけ声をかけているわけではない。ヒトどうしの言語における単語のように、音声のセットとしてのかけ声は固定されている。しかし、語を組み合わせて文を構成することはない。コーンのいう「種間ピジン言語（Trans-species Pidgin）」（Kohn 2007; cf. Fijn 2011 Chap.5）である。

注意を喚起するかけ声は、家畜全部に共通して主に「ハイ」を用い、歯笛も使われる。

命名による呼びかけと応答

乳しぼりの際には、ヒトにちかづけるかけ声を多用するだけでなく、わたしのホブド県のホストファミリーでは、家畜に名前をつけることもある。

なかでもヤギは、自分の名前が呼ばれると自分からすすんで乳を搾られにやって来る（写真2）。命名は、ヤギの外形的特徴によることがおおいが（写真2・17）、時には性格の特徴によることもある。ヤギの名前は、「チ、チ、チー」というヤギのヒトへの警戒心を解きヒトにちかづけるかけ声といっしょに呼ばれる。呼びかけと搾乳を繰り返すうちに、自分の名前を呼ばれたヤギは呼びかけに応答し自分から搾乳してもらいにくるようになる。これを「名前を取る・受け入れる（ネル・アバフ）」と呼ぶ。

呼びかけに応答しない個体ももちろんいる。そんなヤギには、名前で呼びかけるのをやめて、首にロープをつけて引張ってきて搾乳する（写真18）。呼びかけに応答する個体でも、「ヤギに近い」（搾乳の作業をいつもしている）ヒトの呼びかけでないと応答しないことがふつうだ。名前の呼びかけとそれへの応答も、搾乳作業の繰り返しのなかで構築されていくのである。そして、対等なヤギとヒトとの交渉は、モンゴルの場合、アフリカの例（波佐間二〇一五）に比べて限定的であるし、搾乳しなくなると消滅してしまう。

功利主義と家畜への「愛」のあいだ

わたしの観察した、自分の名前を認識して

写真２　ヤギの乳搾り。命名は、ヤギの外形的特徴によることがおおい。こちらは、赤毛なのでオラージャー。赤＝オラーンが由来だ。ムンフーエグチが名前を呼ぶと、ヤギは自分から乳を搾ってもらいにやってくる（ホブド県ドート郡フフベルチル村ヘルツィーン・アム、写真 2018/08/20、録画 2019/08/31：QR コードから YouTube に飛べる）

→写真１　西モンゴルの山岳地帯の放牧風景（モンゴル国ホブド県ドート郡フフベルチル村ノールト、2018/08/03、筆者撮影）〈以下、撮影者はすべて同じ〉

呼ぶとやってくるヤギは、じつは子をなくしたヤギたちである。この点では、母ヤギは、乳房が腫れるから、たまった乳をしぼってもらいにやってくるだけなのかもしれない。じっさいに搾っている本人がそう言うこともある。搾る前はまとわりつくようにしていたヤギも、搾りおわるとすぐ離れて行ってしまうし、しばらく乳しぼりをしないと呼んでも来なくなる。家畜は欲求を充たし、ヒトは乳を得るという功利的な関係のようにも見える。しかし、考えてみれば、ヒトどうしのいくら親しい友人でも功利的な関係を疑いはじめたらきりがない。そのような見方をつきつめるなら、それは目的（テロス）を存在そのものとりちがえる誤謬と言わざるをえないだろう。

そのいっぽうで、モンゴルの牧畜民たちは、家畜への「愛」について語る。「家畜を愛する心は、小さいころから子ヒツジ・子ヤギとたわむれ、子ウマと遊ぶことで養われる」。モンゴル映画のあるシーンのセリフだ。このように家畜への「愛」が映画のテーマにもなるとはいえ、家畜を殺して食べてしまうわけだし、じっさいは生活のなかで家畜への「愛（ハイル）」という言葉はほとんど聞かれない。われわれが想像する「愛」よりフーコーの「配慮（souci）」に意味的にちかいものだろう。生活の基盤をささえあっている家畜という存在・生き方の尊厳への責任の自覚といってもよい。写真10は愛のなさの結果だ。

ハラウェイ（二〇一三）は、共棲と共進化の歴史をかさね、自分自身とのあいだでも唾液を介してDNAの交換やさまざまな物質のやり取りをつづけるイヌとヒトの双方を、「伴侶種」と位置づける。犬「愛」家として知られるハラウェイだが、「動物の権利」運動に対する批判の立場をつよく支持し、存在は役割によって構成されると説く。これは関係主義の考え方だ。

モンゴルの牧畜民も、乳や肉として家畜の肉体を自分の体内にいれるだけでなく、家畜とさまざまな物質をやり取りしている。家畜の乾燥した糞が粉塵として舞うなかでの作業は当たり前だし、とくに搾乳は濃厚な関係による交渉の作業だと書いた。直に家畜の乳房をにぎって搾る搾乳の作業では、さまざまな細菌やウイルスが交換される。この記事の写真やビデオに登場するムンフーエグチは、長年ヤクの搾乳に従事してきた結果、ブルセラ症にかかって膝の関節の手術をした。

ムンフーエグチと母ヤギたちもその意味で「伴侶種」といえる。長い共棲と共進化の遺産をうけつぎ、物質レベルから音声によるやりとりまであらゆるレベルの交流を繰り返している。しかし、その交渉は牧畜の作業をつうじてのもので、それゆえ関係には濃淡があり、消えてしまうこともある。ムンフーエグチは、おなじ母ヤギに前の年とはちがう名前をつけて呼んでいたので、それを指摘すると「ああそうだった」と答えた。

心は通うか？

牧畜民と家畜の心は通うかというと、そうだと答えよう。家畜はかけ声に応え、ヤギはちゃんと自分の名前を認識するからだ。ただし、ヒトどうしのように音声のセットを複雑に組み合わせて細かい事柄を伝えられるわけではない。ヒトの側からすると、自分たちの言語のほんの一部分の機能を使っているにすぎないし、動物の側からしても自分たちの感覚の能力を生かしたもっと合理的な方法がもしかしたらあるかもしれない。たまたまヒトと動物のお互い重なり合うインターフェースを利用してやり取りしているのだ。

それに、ヒトどうしでも自分の言ったことが「そのまま」相手に伝わるわけでもない。十分な理解がなくとも、また意図が相手にことなって伝わってしまっても、コミュニケーションは成り立つ。全面的な理解は不可能だ。ぎゃくに、「伴侶種」がそうであるように、ヒトと動物のあいだでも、ヒトどうしより深いつながりは可能である。牧畜民と家畜とのあいだでも部分的なつながりでつながっていて、そこでは心は通じているのである。

引用文献

ハラウェイ、ダナ
　二〇一三『伴侶種宣言：犬と人の「重要な他者性」』以文社。

波佐間逸博
　二〇一五『牧畜世界の共生論理：カリモジョンとドドスの民族誌』京都大学学術出版会。

Fijn, N.
　2011 *Living with Herds: Human-Animal Coexistence in Mongolia*. Cambridge University Press.

Kohn, E.
　2007 How dogs dream: Amazonian natures and the politics of transspecies engagement. *AMERICAN ETHNOLOGIST*, Vol. 34, No. 1, pp. 3–24.

写真 6　こちらは、タイヤのチューブを鼻面にはめられたヤクの子。夕方の乳しぼりの前から翌朝の乳しぼりまで、子ヤクはゲルの前の地面に張られたロープにつながれる。こうすると、子は自由に動きまわることができず、母の乳を吸うことができない。しかし、この生まれたばかりの子と母は、うまく立ちまわって、乳を飲んでしまう。そこで、オートバイのタイヤを切りとったチューブを鼻面にはめられた。こうすると、さすがに乳を飲むことはできない（ホブド県ドート郡フフベルチル村ノールト、1993/07/27）

写真 7　母と子を分離する方法には、母畜が自分の子以外に授乳させないという性質を利用するものもある。それぞれの世帯のヒツジ・ヤギ混成群から子畜あるいは母畜だけを抜き出して、相手の群れのなかに入れる。このようにすると群れのなかに自分の子がいないので、授乳できず夕方乳が搾れる。この作業には、ふたつの世帯の営地のあいだにある程度の間隔があることが必要だ。あまりに遠いと交換が面倒であるし、あまりに近いと 2 つの群れがたやすく混ざってしまう。この距離とこの距離にある世帯をサーハルトという。

写真では、4 世帯の所有するヒツジ・ヤギが 2 つの群れを構成し、ヤギの母畜だけを抽出しもういっぽうの群れに入れている。牧地からもどった後の夕方、預けた群れの中から自分の母ヤギを抜き出して搾る。その目的は、乳を利用することだけでなく、母ヤギを負担のおおきい授乳から解放し休ませることでもある。

世帯ごとに 1 本のロープを使って、それぞれの所有する母ヤギの頭を交互にしばり、搾乳する。日数が経つと母ヤギは慣れ、追い回す必要はなくなり、おおくの母ヤギが自分からつながれ搾られにやってくる。

こうして、子に授乳させず、ヒトが乳を搾ると、だんだんと乳の量が減っていき、ほとんどの母ヤギの乳が出なくなったころ、彼女たちは元の群れに戻される（ホブド県ドート郡フフベルチル村ノールト、2018/08/01）

写真 8　搾乳後、ロープは先端を引っぱるとするすると解ける（ホブド県ドート郡フフベルチル村ノールト、2018/08/01）

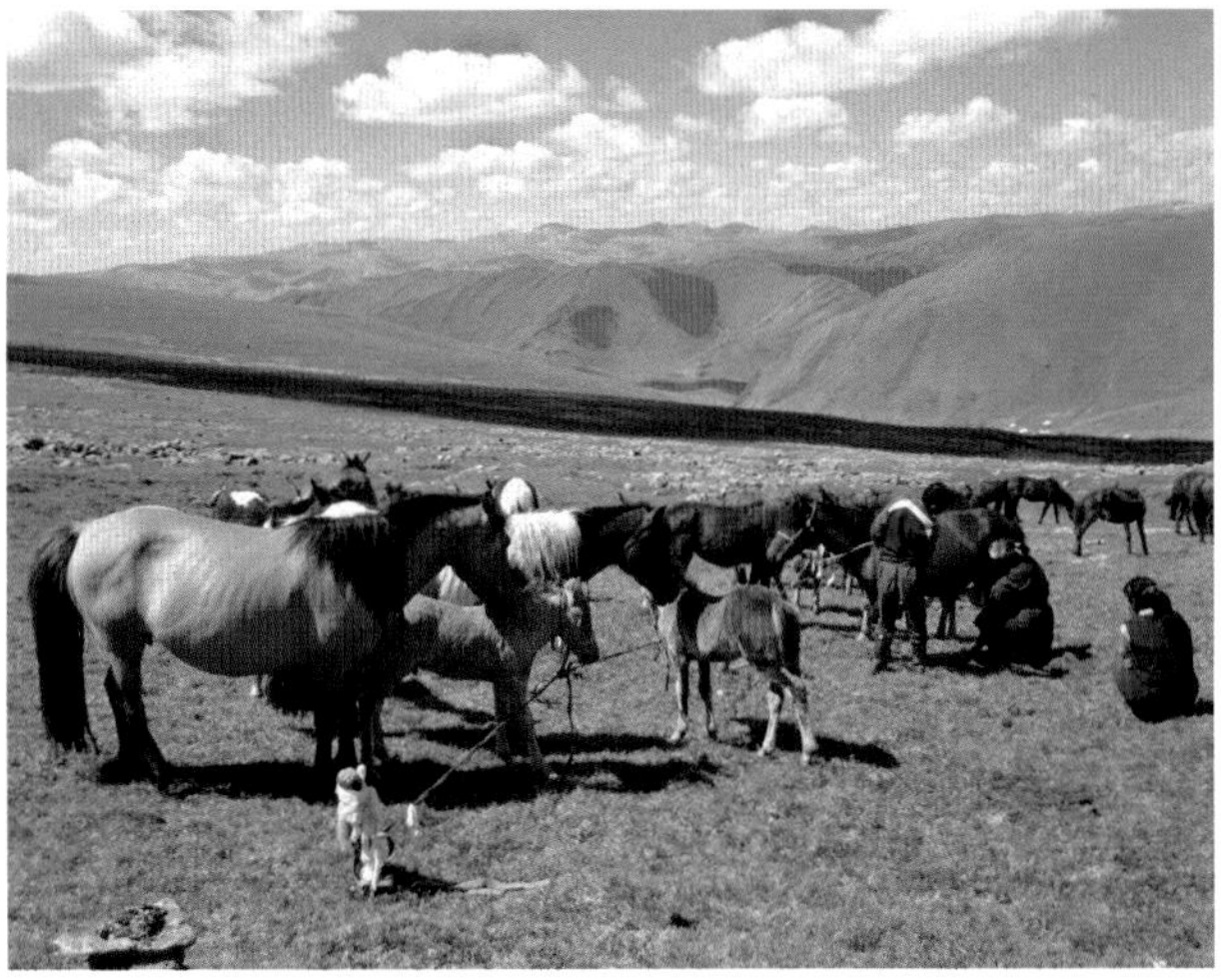

写真 3　モンゴル西部の高原のウマの乳しぼり。彼方に見える山の向こうは中国新疆だ。この年 7 月上旬の早朝、牝ウマが子ウマとととともに集められた。そして、馬乳酒を作るための搾乳を開始する儀式がはじまった。地面に打たれた杭にロープが張られ、そこに子ウマがつながれる。杭には儀礼用の布が巻かれ、香がたかれて（左下隅）浄められた。そして、お茶だけの簡単なお祝いが行われた（バヤンウルギー県ボルガン郡ホジルト村マーント、1996/07/04）

写真 4　馬群のなかでその年最初に生まれた子ウマは、額に乳脂を塗って聖別される。生まれてはじめてロープにつながれた子ウマは、なんとかロープを振りほどこうと必死に暴れる。子ウマをこうしてロープにつなぐと、母ウマはそこから離れることはない。日が経つにつれて子ウマはロープに慣れ暴れなくなる（バヤンウルギー県ボルガン郡ホジルト村マーント、1996/07/04）

写真 5　このヤギ、二歳になっても乳ばなれせず、生まれたばかりの弟や妹をさしおいて、ちゃっかり母の乳を飲んでしまう。それで、鼻に木の串をさされた。乳を飲もうとすると、お腹に串の先端があたるので、母畜は乳を飲ませない（ホブド県ドート郡フフベルチル村ハルダワーニー・アム、1996/03/27）

写真 9　ヒツジ・ヤギの放牧の途中でヒツジが生まれた。黄色い羊膜が身体にまとわりついている。呼吸ができるように鼻面と、脚も手でぬぐってやり、母ヒツジに羊膜をよくなめさせる。羊膜にはホルモンが含まれていて、なめることによって乳がよく出るようになるのだという。牧夫は布の袋を持たされ、ゲルに近ければそれに子畜を入れて群れをそのまま捨ておいてすぐにゲルにもどる。今回はいっしょに来たツェンゲーに持ち帰らせた（ホブド県ドート郡フフベルチル村ハルダワーニー・アム、1996/04/03）

写真 10　ヒツジ・ヤギの子はすこし大きくなると親と同じ群れにして昼間牧地に出される。はやく自分で草を食べるようにして乳ばなれを促すためだ。そのなかにいつも群れから遅れる子ヒツジがいた。放牧に出る前に、群れから取り残されることのないように注意しろと言われたが、夕方もどってくるとその子ヒツジがいない。昼間歩いた場所をたどるとタカにつつかれて死んでいるのを見つけた。白い毛並みに鮮やかな赤い穴がぽっかり開いている。ホストファミリーの妻オトゴーからひどく叱られた。子畜は死と隣り合わせだ。群れから離れることは、即、死を意味する（ホブド県ドート郡フフベルチル村ハルダワーニー・アム、1996/04/06）

写真 11　生まれたばかりの子ヒツジと子ヤギは、寒さから守るため、ゲルに入って左手に張られたロープにつながれる。この子ヒツジたちには、さらに身体が冷えるのを防ぐため、厚い「腹巻」が着せられている（ホブド県ドート郡フフベルチル村ハルダワーニー・アム、1996/04/07）

写真 12　母ヒツジの乳を吸う子ヒツジ。母は子のお尻の匂いを嗅いで自分の子と認識する。乳を飲みすぎたり腹を冷やして下痢をすると、お尻の匂いが変わってしまうので注意が必要だ。乳を吸っているあいだ、子ヒツジの尻尾は激しく左右にゆれる。乳を吸おうとしない子畜がいると、牧畜民は、尻尾をゆすって、乳を吸うようにうながす（ホブド県ドート郡フフベルチル村ハルダワーニー・アム、1996/03/14）

写真 13　母の乳の量がすくない子ヒツジと子を亡くしたヤギのペアリング。ヤギは子ヒツジのお尻のにおいをしきりに嗅いでいる。QR コードのリンクは、子を受け入れない母畜に歌いかける歌「トイゴー」。ヒツジの警戒を解き呼びよせるかけ声「ブルル」も聞かれる（ホブド県ドート郡フフベルチル村ハルダワーニー・アム、写真 1996/03/31、録画 1996/03/29）

写真 14　母ヤギは、子ヒツジを自分の子として受け入れた。もうヒトの介入の必要はない（ホブド県ドート郡フフベルチル村ハルダワーニー・アム、1996/04/04）

写真17　このヤギは、「まだら」なのでアラグジャー（アラグ＝まだら）（ホブド県ドート郡フフベルチル村ヘルツィーン・アム、2018/08/07）

写真15　なかには自分の子を受け入れない母畜もいる。とくに初産の3歳畜は、受け入れない割合がたかい。その場合は、実の母と子でもこのようにヒトがペアリングしてやる必要がある（ホブド県ドート郡フフベルチル村ハルダワーニー・アム、1996/03/31）

写真18　呼びかけに応答しないヤギ。ヤンジマーがうえに乗って搾乳のあいだ動かないようにする（ホブド県ドート郡フフベルチル村ヘルツィーン・アム、2018/08/07）

写真16　谷の北側の峠の向こうに追った牡ヤクの群れ。この群れが深夜営地のちかくにもどって来た。このままだと営地のまわりの牧地や泉が踏み荒らされてしまう。ムンフーエグチがいそいで寝床から起き出し、「ハッジ」というかけ声をかけながら、川上に追いたてる。「ハッジ、ホッジ」はヤクを含むウシを追うかけ声だ（ホブド県ドート郡フフベルチル村ヘルツィーン・アム、写真2018/08/25、録音2018/08/26）

写真19　西モンゴルの山岳地帯の放牧風景。乾いた牛糞を投げて群れを追う（ホブド県ドート郡フフベルチル村ノールト、2018/08/09）

第3部　遊牧を生きる

7　トルコ遊牧民ユルックの現在
――いかに、なぜ移動を続けるのか

田村うらら

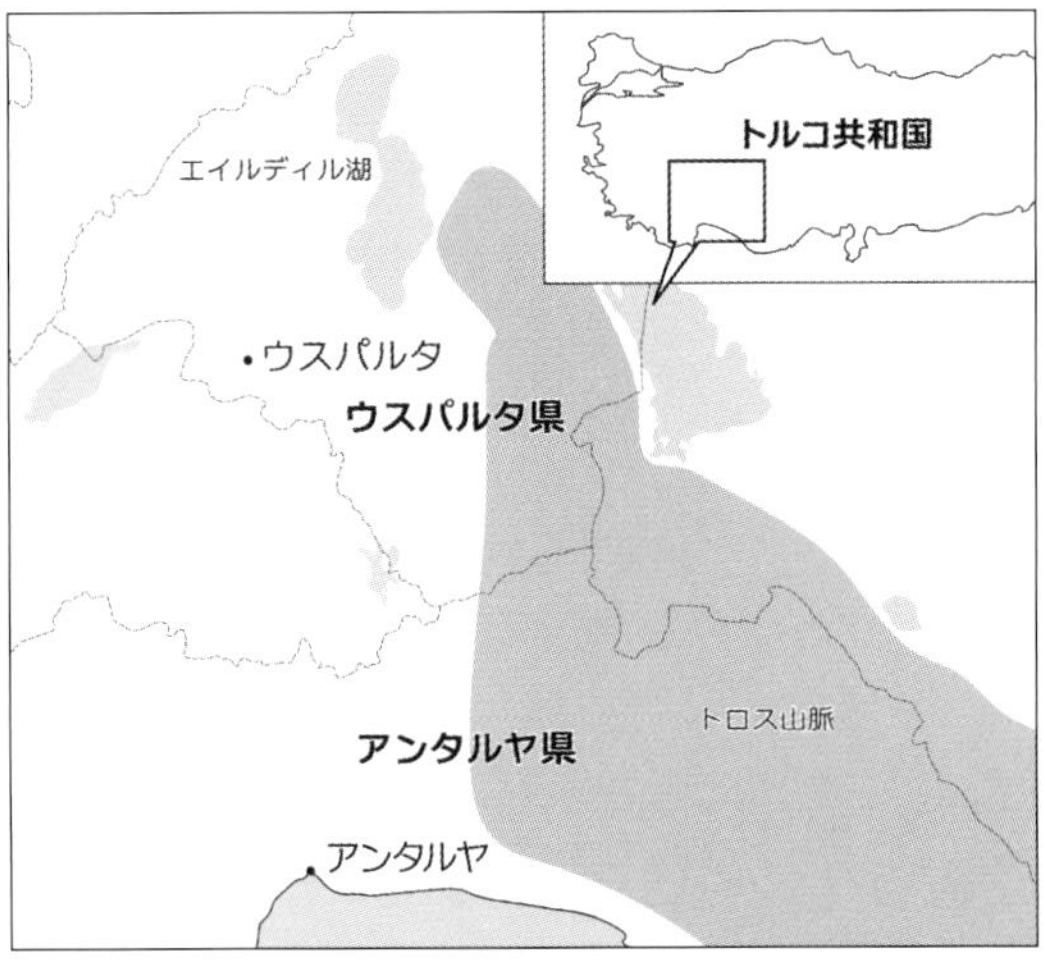

トルコ共和国と本章の舞台

「退役ユルック」の溜まり場で

「現役ユルックに会いたい。」二〇一七年九月、わたしが目星をつけて訪ねたのは、トルコ中南部の山あいの田舎町であった。はじめに道端や家の周りで作業をしている女性を探したが、あいにく見つからない。そうなれば次の手は、男たちの社交場「カフヴェ」（写真1）に行き外から大きな声で挨拶して、問いを投げかけてみることだ。

わたしは中心部に小さなカフヴェを見つけ、挨拶をして尋ねた。「このあたりでユルックを知りませんか？　ヤギ・ヒツジを放牧している人を見ませんか？」突然現れ東アジアの顔立ちでトルコ語を操り妙なことを聞くわたしに、皆呆気に取られた様子だ。無理もない。

「いるぞ。でもなんでそんなことを聞くんだ？」と返される。「日本から来た研究者で、興味があります。ほら、サルケチリ、カラコユンル……そういう人たち、このあたりにいませんか？」と問えば、相手の顔つきが急に和らぐ。

「ああ、いるとも。よく知ってるな。ほら、この男はサルケチリ、わしはカラコユンル、あの男はアヴシャルだよ。」なんと、ここで

写真1　山あいの田舎町のカフヴェで暇つぶしをする「退役ユルック」の男たち。冬は海岸近くで過ごす2拠点生活者だ（ウスパルタ県、2017/09/11、筆者撮影）〈以下、撮影者はすべて同じ〉

暇そうにチャイをすする老年男性たちは皆、かつてヤギ・ヒツジを飼養していた「退役ユルック」だったのだ。そこからはトントン拍子だった。「今もヤイラ（夏営地）で家畜と暮らすユルックをぜひ訪ねたい」と言うと、一人が案内役を買って出てくれ、わたしの願いを叶えてくれたのだった。

ユルックとは

トルコ共和国の国土の九割を占めるアナトリア半島は、紀元前から歴史上様々な民族と文明が入り乱れた舞台であった。そこへ一一世紀後半に現在のイラン周辺からアナトリアへと移入して来たテュルク系遊牧集団が、今のトルコ人の祖であるとされる。

トルコにおいて家畜を飼養しながら移動をする遊牧民は、ユルック（Yörük、言語発音に近づけて「ヨリュク」「ユリュク」などとも表記される）と呼ばれてきた。ユルックは、二〇世紀までにその大部分が定住化し、移動生活から抜け出した［松原　一九九〇］。彼らの中には村落部に定住して半農半牧の生活を送る者もいれば、都市で働く者もいる。中には事業を立ちあげ成功した者、国会議員になった人さえいる。他方で、ヤギ・ヒツジの小家畜群を飼養しながら移動を諦めない「現役ユルック」がいる。通年テント暮らしで小刻みに遊動する家族もわずかに残るものの、多くは標高差を利用した移牧のスタイルで、トラクターやトラックを使い二拠点間を移動する［田村　二〇二二］。

トルコは地中海性気候に属し、夏季（四～九月ごろ）は雨が降らず乾燥して高温になるため、低地に自生する草はまばらとなる。冬季には降雨があり、内陸部は極寒となり山岳地帯は雪に閉ざされるが、沿岸部は温暖だ。ヤギ・ヒツジといった小家畜の群れを飼養するユルックたちは、家畜を健康に保ち増やすため、通年にわたり新鮮な草と水を確保し続ける必要がある。その古典的な戦略が「移動」なのだ。夏営地に暮らすのは五月～一〇月頃で、残りを冬営地で過ごす。

さて、冒頭の場面に戻って、まずは夏営地ヤイラでの「現役ユルック」の夏のくらしを紹介しよう。

夏営地（ヤイラ）のくらし

先のカフヴェのある村から未舗装道路を一時間ほど上がると、ヤイラのある山岳地

写真4　テントで出された食事。犠牲祭直後でヒツジ肉があったためそれもご馳走になった（ウスパルタ県アクス、2017/09）

写真2　草の茂る夏営地と家畜囲い。木陰で休むヒツジたちが見える（ウスパルタ県アクス、2017/09）

写真3　壁際にならぶ古い穀物袋（ウスパルタ県アクス、2017/09）

帯に出た。冬季の降雪のおかげで水が豊富で草が茂る（写真2）。夏営地でヤギ・ヒツジたちは、日中思い思いの場所で草を喰む。家畜囲いの中でほとんどの時間を過ごす冬営地の暮らしとは大違いである。朝夕、ヒツジを一頭ずつ個体名で呼び寄せて搾乳する（写真14）。「ヤイラに来ると乳の出が良くなって、おいしくなるんだよ」とユルック女性は語った。

　夏営地では、黒ヤギ毛のテント暮らしが一般的だ。毛質の硬いヤギ毛で織られたテント地は、強靭である。木の柱を建ててテント地の周りを石などで固定するだけで、一五分程で本体部分を建てられてしまう（写真12）。テントは黒く一見暑そうだが、入ってみると日差しが遮られ、粗い織り目はザルのようでところどころに開口部もあって程よく風が通る（写真13）。夏でも山ではたまの小雨や夜露くらいはあるが、ヤギ毛の油脂分のおかげでほとんど水が入ってこないそうだ。さらにこのゴワゴワ感のせいか、サソリやムカデも入ってこないという。壁にあたる部分には、古い穀物袋に寝具や衣類を詰めたものが並べられており、重石とクッションを兼ねている（写真3）。

　テントが知恵の結晶とはいえ、現在はトタンやコンクリートブロックなどを利用した簡易固定家屋を夏営地に構えるユルックもいる（写真15）。消費社会の昨今、彼らとて四、五ヶ月のあいだを快適に過ごすために家財一式を置いておきたいと思うのも人情だろう。自家発電装置と衛星アンテナまで備えられ、世界中のテレビチャンネルが視聴できたりもする。スマートフォンも大概の開けた場所では利用可能である。とはいえ、泉からの水汲みは欠かせないし、食糧その他の調達にも不便は避け難い。多少の工夫で便利にはなっても、子供達に継がせるのは至難の技だ。

ユルックの食生活

　家畜とともに生きるユルックではあるが、肉食中心の食生活を送ってはいない。大事な家族であり財産でもある家畜を屠って食すのは、イスラームの二大祝祭である犠牲祭と断食明けの祭、そして婚礼や割礼式等の重要な人生儀礼の饗応の折だけだ。普段は、作り貯めた薄いパンを主食に、ヨーグルト・チーズ・バターなどの自家製乳製品、乾燥野菜、それに市場から入手する豆類・穀類・野菜等を組み合わせたおかずを合わせた食事が基本だ（写真4）。主食のパンを毎日焼くのは燃料と労力の無駄に他ならない。イーストを用いるパンは柔らかく甘くて美味しいが、作り貯めるとカビが生え腐

写真5　パン作りの様子（アンタルヤ県セリック、2019/03）

写真6　作り貯められたパン（アンタルヤ県セリック、2019/03）

写真7　伝統的な製法、皮のなかで乳を突いて脂肪分を分離させながら乳加工品を仕込む（カラマン県、2018/07）

敗が早い。ユルックは餃子の皮ほどの厚みに生地を延ばした大きな円形のパンを一度に大量に焼き、乾燥させた状態で保存する（写真5、6）。

麓の定期市とユルック

世界の牧畜民を見渡しても、乳・乳加工品と肉以外の食糧は市場で入手されるのが一般的だ。ユルックも長らく、市場（中でもトルコ随所にある定期市）に依存して生きてきた。現在冬営地では農業も営むしスーパーマーケットにアクセスできるが、夏営地ではなお定期市に依存した生活だ。山から市の立つ麓へ降りて定期市でチーズ・バターなど種々の乳加工品を売り、得た現金で穀類・豆類・野菜・調味料・紅茶等を仕入れてくる。

ウスパルタ県は、透明度の高いエイルディル湖で有名である（写真25）。湖水浴のできるトルコ庶民のリゾートであり、その南側にはトロス山脈の一部、ダヴラズ山（標高二六三七メートル）がそびえる。エイルディル湖畔のある地区には、夏の間だけ日曜ごとに開催される定期市がある（写真23）。周辺の地元民だけでなく、都市からの客で賑わう。特に都市民にとっての目玉は、野趣あふれる炭火焼のケバブとユルックたちが売るチーズやバターだ。特に昔ながらの製法で作ったバター、ヤギ皮の中で仕込んだヤギあるいはヒツジのチーズが人気である（写真7、8）。

写真8　ヤギ皮に包まれた状態で熟成されたチーズ。基本はこのように量り売りだが、固定客で毎年丸ごと注文する人もいるという（ウスパルタ県エイルディル、2017/09）

冬営地（クシュラ）のくらし

さて、十月にさしかかる頃から次第に雨が降り始め、山間部の気温がどんどん下がってくる。家畜を連れて冬営地に降りるタイミングだ。現役ユルックも現在、冬営地においてはテント暮らしをまずしない。家屋を建ててそこで住所登録をし、子供を学校に通わせる（写真26）。住宅地から遠く離れたところに家畜囲いを設け、草地に連れて行くなどの世話をする（写真9、10、19）。

写真9　臭いの苦情を避けるため、住宅地から離れた農地の中に作られている冬営地の家畜囲い（アンタルヤ県セリック、2019/03）

写真10　春先の出産シーン。飼い主は朝から今か今かと落ち着きなく待ち、破水とともに出産を介助して幼体を取り出した（アンタルヤ県セリック、2019/03）

実は移牧ユルックたちの多くは、冬営地で農業も行う「兼業農家ユルック」である（写真11）。トルコ国内でも特に気温と湿度の高いアンタルヤ・アランヤ周辺は、野菜の促成栽培と果樹栽培に有利な土地だ（写真17）。彼らは時折家畜を売っては土地を買い、巨大なビニールハウスを建てたり果樹園を整備したりする。

写真11　冬営地の大型ビニールハウス。スイカの促成栽培が行われている（アンタルヤ県セリック、2019/03）

五月ごろ、ナス、スイカなどを収穫するあいだ、彼らの頭の中は実はヤイラのことでいっぱいだ。大急ぎで農産物の出荷を終えると、家畜を連れて涼しいヤイラにいそいそと退避する。学齢期の子供たちは、少しの間近くの親戚に預けられ、六月に夏休みに入ると両親と家畜の待つ夏営地へとやってくるのだ（写真21）。

ヤイラの誘引力

ユルックの大多数は前世紀の間に定住化したが、一定数は、移牧の形で移動を続ける。今も季節移動を続けるユルックたちは概ね、地中海沿岸部の温暖な低地部を冬営地に、そして急峻なトロス（タウルス）山脈中の冷涼な山間部を夏営地に定めている（図1：周辺地図）。移牧がこの地域で続くことには、気候と地形の地理的要因と家畜の耐性が関わるだろう。早い段階で定住化したユルックの末裔がいるアナトリア中西部などには、この地域ほど激しい気候差も標高差もない。

ただし地理要因だけでもなさそうだ。高齢になり家畜を売り払ってもなお、ヤイラ付近に別宅を構えて夏を過ごす「退役ユルック」たちの集落があるほどに、「夏はヤイラへ」は彼らの身体に染みついている。何もそこまでしなくても、トルコでは現在エアコンが一般家屋にもかなり普及してきているし、第一日陰に入ってしまえば日本ほど湿度が高くないため、耐え難いというほどでもない。しかし彼らは、「エアコンなんてだめだ。あれは病気になる。ヤイラの開けた場所と清涼な空気でなくては！」と頑として受けつけないのだ。「季節になるとヤイラに行かなくては居ても立ってもいられない」ほどに彼らの生そのものに結びついた「何か」がやはりあるのだ、と感じさせられる。

三月に冬営地で再会したユルック女性に、「夏はテント暮らしだけど、冬は立派なおうちで便利で安楽（rahat）だし、孫たちもいていいわね」と言ったことがある（写真22）。すると意外な答えが返ってきた。「家が広くて何というの、ヤイラにはもっと広々とした空間がある。何よりきれいで水のように冷たい水と清涼な空気がある。あちらのほうが安楽よ。早くスイカを育てて売ってしまって、ヤイラに行きたい。」

わたしは、全てが揃った家屋があり住所登録地である冬営地が「本拠地」で、ヤイラのテント生活が「仮暮らし」という自らの思い込みを恥じた。齢六〇を過ぎて腰が痛いと言う彼女だが、「でもヤイラに行くと不思議と身体の調子もいいのよ」と笑った。

トルコでの記憶を掘り起こせば、「ヤイラ」はトルコ人一般にとって、憧れと懐かしさの混じった何やら特別な感情を喚起させる言葉ではないか、とわたしは思い至った。トルコ各地の街のレストランやカフェ、そしてホテルやペンションなどの名前として、「ヤイラ」は思いのほかよく使われる。また、食品大手メーカーの名にもなっている。乳製品、蜂蜜、ハーブなどの産品に「ヤイラより」という謳い文句が添えられているのも頻繁に目にする。日本の演歌にとてもよく似た、押韻を多用し情感を込めて歌われるトルコ民謡音楽というジャンルがあるが、その歌詞やテーマとしても、あるいは往年のトルコ映画・ドラマのタイトルにも、やはり「ヤイラ」はよく登場する言葉だ。こうしてみると、「ヤイラ」は、移動をしない多くの現代トルコ人の心を今なお揺さぶり続けるマジックワードと言えるのかもしれない。

引用文献

田村うらら
二〇二一「トルコの遊牧民は時代遅れか？：帰属意識と文化」シンジルト・地田徹朗編『牧畜を人文学する』名古屋外国語大学出版会、一二六―一四五。
松原正毅
一九九〇『遊牧民の肖像』角川書店。

写真 12　テント外観

写真 13　テント内の様子

写真 14　搾乳するユルック女性

写真 12　テント外観。柱を用いて大型のタープの周囲を最後に囲って地面に固定しているような構造であることがわかる（ウスパルタ県アクス、2017/09）
写真 13　テント内の様子。自然光と風が程よく入る（ウスパルタ県アクス、2017/09）
写真 14　夕刻、家畜囲いにヒツジを入れて搾乳するユルック女性（ウスパルタ県アクス、2017/09）
写真 15　ヤイラに建てられた簡易固定家屋（ウスパルタ県アクス、2017/09）

写真 15　ヤイラに建てられた簡易固定家屋

写真 18　春先の出産シーン

写真 16　夏営地でヤギの毛を刈る兄弟

写真 17　平野部に並ぶビニールハウス

写真 19　住宅地区の空き地でヒツジの放牧をする姉妹

写真 20　パン作りの様子

写真 16　夏営地でヤギの毛を刈るユルックの兄弟（カラマン県、2018/08）
写真 17　アンタルヤに空路で入ると、地中海と険しいトロス山脈のあいだに開けた平野部に無数のビニールハウスが建てられていることがよくわかる（アンタルヤ県上空から、2019/03）
写真 18　春先の出産シーン。飼い主は朝から今か今かと落ち着きなく待ち、破水とともに出産を介助して幼体を取り出した（アンタルヤ県セリック、2019/03）
写真 19　セリックの住宅地区の空き地でヒツジの放牧をする姉妹（アンタルヤ県セリック、2019/03）
写真 20　パン作りの様子（アンタルヤ県セリック、2019/03）
写真 21　夏営地で過ごす学齢期の子どもと母親（ウスパルタ県アクス、2017/09）
写真 22　冬営地の固定式住居内で孫たちに囲まれて暮らすユルック男性（アンタルヤ県セリック、2019/03）

写真 21　夏営地で過ごす学齢期の子どもと母親

写真 22　冬営地の固定家屋内で暮らすユルック男性

写真23　プナル・パザルと呼ばれる夏季限定の定期市

写真24　伝統的な製法

写真 25　エイルディル湖の夏の風景

写真 26　あるユルックの冬営地の住宅

写真 27　農地の中に作られている冬営地の家畜囲い

写真 23　プナル・パザルと呼ばれる夏季限定の定期市。多くの人で賑わう（ウスパルタ県エイルディル、2017/09）
写真 24　伝統的な製法。皮のなかで乳を突いて脂肪分を分離させるサルケチリ氏族のユルック女性たち（カラマン県、2018/07）
写真 25　エイルディル湖の夏の風景。湖の向こうにユルックの夏営地がある山々が見える（ウスパルタ県エイルディル、2017/09）
写真 26　あるユルックの冬営地の住宅（アンタルヤ県セリック、2019/03）
写真 27　臭いの苦情を避けるため、住宅地から離れた農地の中に作られている冬営地の家畜囲い（アンタルヤ県セリック、2019/03）

8 ナイル遊牧民のライフヒストリー

——キバシウシツツキはどうやって青年をふたたび立ちあがらせたか

波佐間逸博

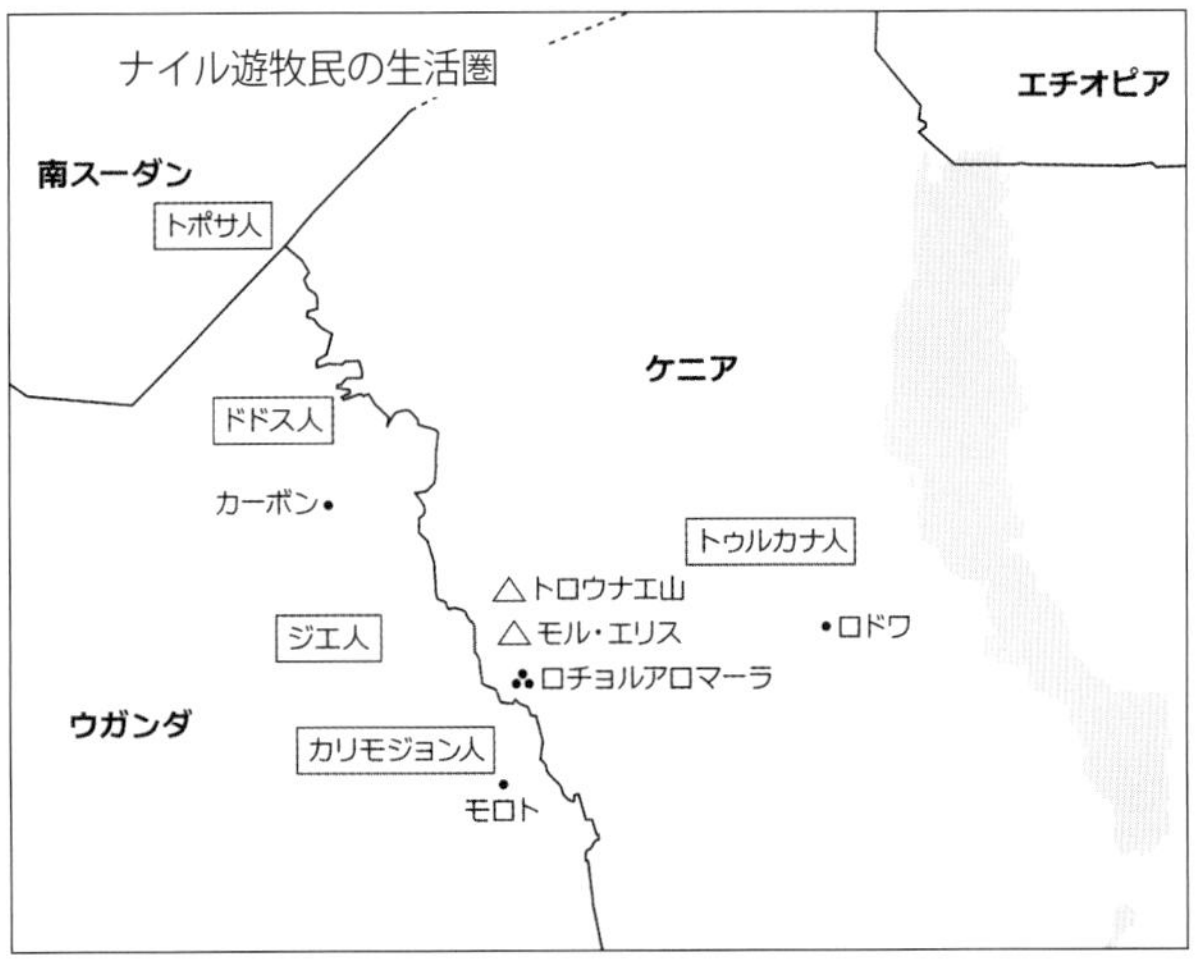

↓写真1　牛群を高台から見守るトゥルカナの青年ロンゴロル。弾痕が左膝の上にある。「母さんは仔ヤギたちを放牧している最中に僕を産んだんだよ。川で水を飲ませようとしていた時だったのさ」ロンゴロルは「川」という意味だ（トゥルカナ、2018/08/29、筆者撮影）〈以下、撮影者はすべて同じ〉

水くみ

黄赤色にゆらめく焚き火の光と、焚きつけのアカシアの枯れ枝からたちのぼる甘くてすがすがしい香りがサバンナの夜の闇に小さなドームをつくり、父と息子を包み込んでいた。息子のロンゴロルは一発の銃弾に足を貫かれ、彼の管理していた泌乳メスの群れを略奪されてから、ひとことも口をきかなくなっていた（写真1）。

彼は炎に背をむけ、牛革の敷物に寝そべっていた。父のアパアポオは彼の頭の隣に、手のひらにのるくらいの小さな木彫りのスツールを置いて、そこに腰を下ろし、焚き火に手をかざしていた（写真20）。

父はこのひと月、夜になると決まって、ふさぎこんでいる息子にこうやって声をかけつづけてきた。そしてこの夜もいつものようにぽつりぽつりと一人で語り、その途中でこれもいつものようにそっと彼の持ち歌を口ずさんだ。

ここらあたりの遊牧民ならもの心がつくと誰しも、その唇に詩と旋律が訪れる。エピファニーの経験を音楽的に映しとるような声の流れは彼らの言葉でエモンと呼ばれ、現実に経験した出来事をうたう物語詩になっている。アパアポオの口からこぼれ出てきたのも、彼個人のライフヒストリーの切れはしだった。

けれど、この夜、特別なことが起きた。歌の後半にさしかかったとき、息子の頭がかすかに動いたのだ。

少年たちが井戸で
家畜たちを
わけている
われわれのウシを
連れ去った
デロという男の水場で
われわれの家畜が
手を焼かせている
少年たちは
略奪者だというのに
頭に小さな白い
模様がある黒の
オスウシを
見ていてくれる
てっきり
黒だと思っていた彼が
ふてくされて
地面に寝そべる
真っ白の腹が
あらわになる
「あれれ」と
彼らはわきたつ
「黒から白へ、だね」
井戸では
小さな略奪者たちが
われわれの家畜を
せきとめてくれる
首に白い斑点のある
オスヤギも
彼らが見ていてくれる
砂地の井戸で
妹のエカールとともに
われわれの
ウシを奪ったデロが
掘った水場で
デロの子どもたちが
家畜が水を飲んでいるのを
見守っている

写真2　水場へはやるウシの群れをせきとめる牧童（トゥルカナ、2019/12/30）

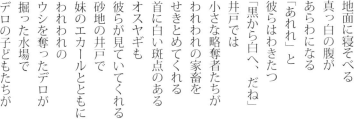

写真3　容赦のない日ざしの中でかすかな旋律を口ずさみながら、砂底から染み出す水をリズミカルにくみあげ、ラクダに飲ませる女（トゥルカナ、2018/08/31）

登場人物

ロンゴロル	トゥルカナの牧童
アパアポオ	ロンゴロルの父
エカール	アパアポオの妹
アモニ	ロンゴロルの妹
デロ	アパアポオの父のキャンプ仲間。ドドス
ガキレコニェン	ドドス。略奪者
ロドゥコエ	ロンゴロルの友人。ドドス

遠い昔、アパアポオが少年だったころのある日、彼は妹のエカールが井戸の中からせっせと水をくみ出すのを見ていた。水おけで一度に給水できる頭数にはかぎりがある。だから、別の誰かが数頭ずつ家畜を送り出してやる必要がある。このとき彼はデロの子どもたちとともにエカールの水くみとタイミングを合わせてウシやヤギを送り出した（写真2、3）。

水くみ役と送り出し役はこの日一日くりかえし、一方が川床を掘り下げた砂地から滲み出す水をくみ、他方が家畜を送り出してはウシやヤギが水を飲むという、サバンナの家畜の民に特有のリズムに身体をゆだねた。

デロとデロの子どもたちはトゥルカナと隣接して牧畜を営むドドス人で、彼らとトゥルカナ人は二〇〇年以上にわたり家畜略奪で鎬《しのぎ》を削ってきた。アパアポオの父親つまりロンゴロルの祖父は、最後に雨がふったきりふた月以上日照りが続いた一月の終わり、ウガンダとケニアの国境でドドス人と共同で放牧キャンプをはった。アパアポオは父の牛群の牧童をつとめていた。

「太陽《アコロン》がわれわれを混ぜ合わせる」とはドドス人とトゥルカナ人を含むナイル遊牧民が広く共有する慣用句だ。乾燥がふかまると、水場や牧草地はかぎられた土地でしか得られず、遊牧の民はライバルの民族とともにそこに集う（写真25）。

水くみ作業での共振が、親密さと敵意の境界をふっつりと取り去った。

「黒から白へ」が不思議な転回をあらわす意図的なメタファーなのか、そのような効果を狙って父は少年たちの発話をここに配したのか、ロンゴロルにはわからなかったが、彼の知らないその遠い詩のなかで、彼がよく知っている出来事に出会ったような気がした。敵から仲間へ。仲間から敵へ。見るものから見られるものへ。

そして、エモンを口ずさむアパアポオのむこう側に自分の身体が頭から引っ張られていくような一種めまいに似た感覚に飲み込まれた。

放牧

ロンゴロルが狙撃されたとき、彼はヒョウ《モル・エリス》の山の麓斜面にわけいり、高台から牧野を見渡していた。足元を見やると樹間ごしに、牛群のずっとうしろのほうから妹のアモニが歩いてくるのが見え隠れしていた（写真37）。

サーバルキャットの牙を思わせる白い棘をまとったアカシアの木々と牧草に覆われたサバンナはやわらかな緑をたたえ、どこまでも静かに落ち着き払っていた。そして、なんの前触れもなく唐突に、自分が世界を見ているのではなく、世界が自分を見ているという気がした（写真2）。

空の高いところから時折聞こえる鳥の声を別にすれば、吸い込まれるような静寂に包まれていた。その静けさがこちらの気配に聞き耳を立てているように感じられた。ロンゴロルはなんとなく落ち着かない気持ちになった。

振り返ると、峰を三つ超えた先にトロウナエ山のピークが西に傾きかけた太陽に照らされ、黄色に輝いているのが見えた。あの崩れがちな足場は、すこしまえに四つん這いになってたどったことがある。山頂からオーバーハング気味に降りたところには穴や岩の隙間がたくさんあった。昼間そこでハイエナたちは休んでいるのだ。いま影になって横に並んでいるその巣穴は彼に、父の警告を思い出させた（写真41）。

前の日の夜、夕飯をとったあとアパアポオは誰に隠しだてする必要もないのに急にひそひそ声になり、ドドスの略奪者がトゥルカナのウシを狙っているから気をつけるようにと切り出した。

「トロウナエ山の背後の谷にドドスとトゥルカナが共同でつくっていた放牧キャンプで夜明け前、生まれたての仔犬がハイエナに連れ去られた。トゥルカナの牧夫がハイエナを狙い、三発発砲した。ドドスはそれをトゥルカナによる攻撃の開始と判断し、〝応戦〟してきた。キャンプの内部で銃撃戦が始まり、ドドスはトゥルカナの四つの牛群を持ち去った」（写真4）

「死人も何人か出た。友人のせがれも死んだ。へそから胸にかけて銃弾が貫通し、腕は別の銃弾によって折られていた。ドドス側のリーダーは〈ミルクを見る眼《ガキレコニェン》〉という名の男で、トゥルカナの男たちが彼を追跡しているが、牧地のあちこちで敵の戦士が息を殺してわれわれをまちぶせしているにちがいない」

そう説明し、父はもう一度「気をつけな

写真５　略奪者からの攻撃から逃れるため、追い立てられるウシの群れ（カリモジョン、2008/08/18）

写真４　略奪者の襲撃からウシを守るため自動小銃をもって放牧する（カリモジョン、1998/10/26）

さい」とくり返した。

――やれやれ。でも、いったいどうやって気をつければいいのだろう。

長年ともに牛群を見守ってきた銃はつい最近ロンゴロルの手を離れた。イギリスという国とイギリスを主人《エカトゥコン》のように頼っているウガンダの大統領のムセベニが銃狩りをはじめた。ウガンダ側のサバンナに、まるで旱魃のときおなかをすかせた子どもの頭のあちこちにシラクモが広がっていくみたいにつぎつぎと軍のバラックがつくられた。軍は押収した銃の数を競うように、銃を持っていようといまいと手当たり次第に男たちを連行し、バラックに閉じ込めた。そして、軍に持ち込まれた銃と交換に囚われ人を解放した（写真24）。

半月前にロンゴロルは、ウガンダと南スーダンの国境に暮らすドドス人の友人ロドゥコエを助け出すために彼の弟に銃を手渡していた。ロドゥコエはカーボンの町に行き、彼にとって初子となる生まれたばかりの娘のためのおくるみを買い求め、帰ってくる途中で、まちぶせしていた兵隊に捕らえられた（写真26、27）。

伝令として駆けつけた弟からそう聞くと、ロンゴロルは自分のＡＫ47を手渡しながら「来てくれたばかりで悪いけど、君の兄さんが拷問を受けて、殺されないうちに届けてくれ」と言った。

弟はふたたび二日間走りとおしてウガンダに戻り、銃をバラックの司令官に手渡した。

ロドゥコエは家族の者がはっとするくらい痩せこけ、兵士から頭をタイヤサンダルではさみこむように殴られたせいで耳も聞こえづらくなっていたが、その日のうちに救い出された。

ハタオリドリか何かがジジッと声をたてた。一頭のメスウシが顔をあげ、真っ黒な瞳を南側の木立にむけた。それから左の前足をカツカツと踏み鳴らし、次に頭を振りながら右足も鳴らした。と、まわりにいたほかのメスウシたちも一斉に頭をあげ、間欠泉が噴きあがるみたいに鼻腔から呼気を放った。

すぐさまロンゴロルも目を見開き、ガキレコニェンやほかの敵の影がないか木の幹と枝葉のあいだを凝視した。だが、どこにも異常はなかった。おそらく鳥の鳴き声か風かに驚いたのだろうと彼は考えた。メスウシたちもすぐに足踏みをやめたが、それを合図にきびすを返し、北の裾野へあと戻りするようにすたすた移動を始めた。あとにはロンゴロルがひとり取り残された。

彼は心臓が冷たい水に沈められたような気がすると思った。

突然銃声が響き、自分の左膝が虚空に持ちあげられるのが見えた。バランスを失い、体が崖下へ落ちていくのがわかった。

落ちていくときそこは何もない虚空ではなかった。土の中へぐいっと引っ張りこまれた。踏みしめていた地面の土から、甘い匂いのする土の中へと。引きずり込まれながら土で口中がふさがった。叫べなかった。土が喉の中まで押し入ってきて、まぶたを引っ張り上げ、眼球をすりおろし、服をかきむしり、皮膚に食い込んだ。

ようやく落下がおさまると、今度はゆっくりと上へすこしだけ移動した。まっ暗闇だった。ありがたいと思った。自分がどこにいるのか見たくなかったから。全身が痛々しい悲鳴をあげていた。

何ヵ月のように思えたが実際にはたった数分に過ぎない時間が経って、目が開いた。そこにはメスウシのイカレスが立ちつくし、おびえきった目でこちらを見ていた。ロンゴロルは自分が夢を見ているような錯覚に陥った。しかしそれは現実の続きだった。妹のアモニが駆け寄ってきて、拾い集めた薪をつつんでいたヤギ皮を地面にひろげ、薪をどかし、兄をそこに座らせた。イカレスの前足の付け根から胸に皮ひもをかけ、ヤギ皮につないだ。

「さあ、お願い。もうあなたしかいなくなってしまった。みんな連れて行かれたわ。頼むからありったけの力を振りしぼって、兄さんを引っ張って逃げて。さもないと私たちは殺されて、あなたは連れ去られて子どもに会えなくなってしまう」と彼女は母ウシに言った。

アモニはイカレスの耳もとにトゥルカナ語のエモンをうたいかけた。二人がイカレスの力を必要とし、イカレスのほうもキャンプまでの道のりをがむしゃらに牽引するために、不安をしずめてくれる自信と信頼を必要としていたから。

それはイカレスがまだ乳飲み子だったころからうたい聞かせてきたエモンであり、

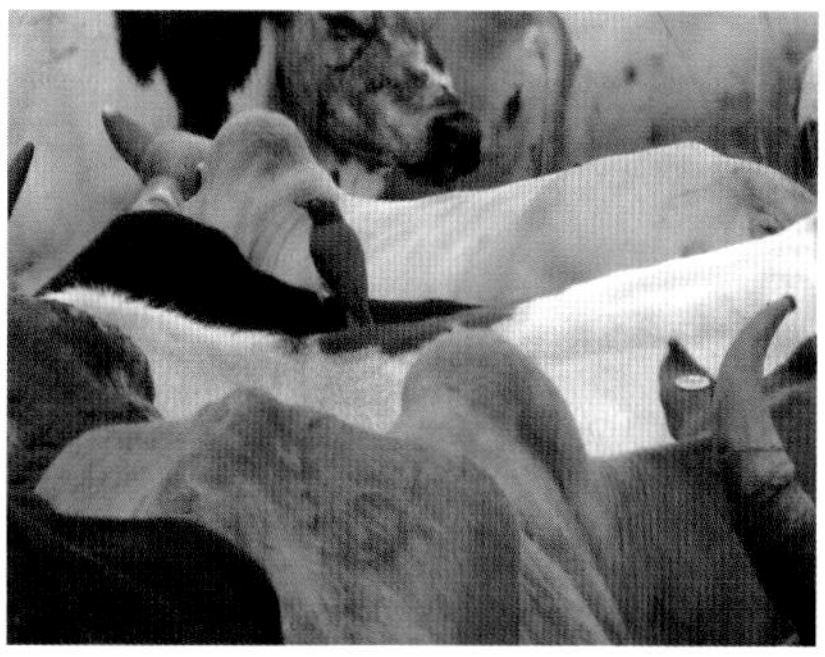

写真6　キバシウシツツキ。ウシの体からダニをついばむ（ドドス、2016/12/27）

写真7　イボイノシシ（マサイマラ、2018/08/15）

詩のことばはイカレスの母の多彩な体色と、ビーズや街の雑貨屋に並ぶ色とりどりの商品とのあいだの類似性にモチーフを見いだしていた（写真35）。

　ロンゴロルは一瞬の安らぎを得て、ふたたび気を失った。

生きもの

　キャンプにたどり着いてから彼はひとことも口をきかず、運ばれてきた食事には見むきもしなかった。キャンプの小屋から見えない藪の中に持ち出した牛革の敷物に横たわり、そこから一日中離れなかった。

　前の日の晩、背中で火影を受け、アパアポオのエモンを聞き、心を動かされたようすをわずかに示したけれど、朝陽がのぼったあともロンゴロルはあいかわらず半睡半醒の境をさまよっていた。

　ふいに、空の真上で万物を真っ白に照らし出している一月の太陽に、閉じたまぶたの上から目を殴りつけられた。昼まで寝てしまうなど、これまでの人生で一度もないことだった。

　――僕は母ウシたちを見捨て、帰ってきた。父さんの、家族の群れはそっくり奪われてしまった。いままで流砂や砂嵐やいばらの道に踏み入れてしまったときは、自分をふるいたたせてそこから抜け出してきた。どれほど進みづらくともつねに足をまえに踏み出した。それなのに、その歩は僕をどこへ連れてきたのだろう。

　ふと、かさこそと物音がしているのに気がついた。ひじをついて体をひねった。そうするには思ったより強い力が必要だった。自分に覆いかぶさるようにして垂れさがり、天然のシェードをおろしてくれている蔓のもつれ合いのむこうに、ツバメほどの大きさのキバシウシツツキが立ち、こちらを覗いているのが目にとまった。ここ何日かで初めてロンゴロルは興味をかき立てられた（写真6）。

　砂粒がこすれ合ってじりじりと音を立てるのを聞きながら牛革の敷物の上で体をおこすと、ウシツツキは任務の遂行は終わったというようにさっと飛び去った。

　ロンゴロルは顔を下に向けてじっと手をみつめ、なにやらひとしきり思案した。それからおもむろに、朝届けられたまま手をつけられることもなくカチカチになったミレットのポリッジに手をのばし、アモニがつくりおきしていたラクダのサワー・ミルクを注ぎ、指先でこねてやわらくした。そして、母メスを連れ去られてみなしごになった仔ウシたちにそれを飲ませるために川にむかった。左足はいうことをまったくきかなかったが、痛みはなかった（写真34）。

　膝だけでなく身体中の感覚が遠くに感じられた。

　やがて、滲み出す水でところどころ黒くなった砂地の中に、ヤギ囲いほどの広さのある平らな岩が横たわっているのを有棘の木々のあいだから見とおせる河辺林まで出ると、今度は足元の地面の上に、途方にくれるぐらいにぎやかな出来事がそこでくりひろげられた跡が残されていた。

　子どもを二匹連れたヤマアラシはこんもりした弾力のある草の茂みに潜ってまた出ていったし、踏みわけ道に自分の尾と腹で流星の軌跡のような這い跡を描いていたカメレオンは、一頭のオスのイボイノシシが現れたことで仕事を中断させられた。ひんやりしたさら砂に寝そべっていたリクガメは前脚で浅い窪みを掘ったあと、もっと涼しくなろうとして唾液をじぶんの前脚に塗りひろげた（写真7、42）。

　顔をあげ、原っぱを見やると、メスウシのイカレスがアモニの体を大きなひづめで踏まないよう気をつけながら、大きなツノをぶつけないよう気をつけながら、妹の顔やバターを塗り込んでつやつやしているビーズのネックレスを巻いた首に鼻をすり寄せていた。イカレスの赤んぼが母親の行動を不思議そうにながめていた。

　ロンゴロルは木立を抜け、草地を通りすぎた。彼が砂地に足を踏み入れるのを見つけたとたん、仔ウシたちがいっせいに駆け寄ってきた。彼は砂の上にそうっと腰を落とし、半切りのヒョウタンを置いて、そこにポリッジを注いだ。すると仔ウシたちがまわりに群がってきて、耳や頬や脇腹のやわらかな被毛が彼の顔や腕や太腿をくすぐった。

　ロンゴロルは天を仰ぎ、いっしょに笑った。涙が頬に伝った。

写真 10　朝、放牧に出るウシたち

写真 8　ケニアとウガンダの国境に広がる大地溝帯の放牧地

写真 8　ケニアとウガンダの国境に広がる大地溝帯の放牧地（トゥルカナ、2019/09/20）
写真 9　エモン（持ち歌）を口ずさみながらウシと歩く牧童（ドドス、2013/08/20）
写真 10　朝、放牧に出るウシたち（ドドス、2013/08/24）
写真 11　ドドスの環状集落。ウシ囲いを中心にすえ、人はその周囲に小屋を建てる（ドドス、2014/12/24）
写真 12　ヒツジ飼いの少年たちが放牧に出発する。1 日 14 キロメートル歩く（ドドス、2014/12/31）
写真 13　朝のラクダたち（トゥルカナ、2019/12/28）

写真 9　エモン（持ち歌）を口ずさみながらウシと歩く牧童

写真 11　ドドスの環状集落

写真 12　ヒツジ飼いの少年たちが放牧に出発する

写真 13　朝のラクダたち

写真 18　ウシの出産を介助する牧童

写真 14　ヤギの乳をしぼる少女

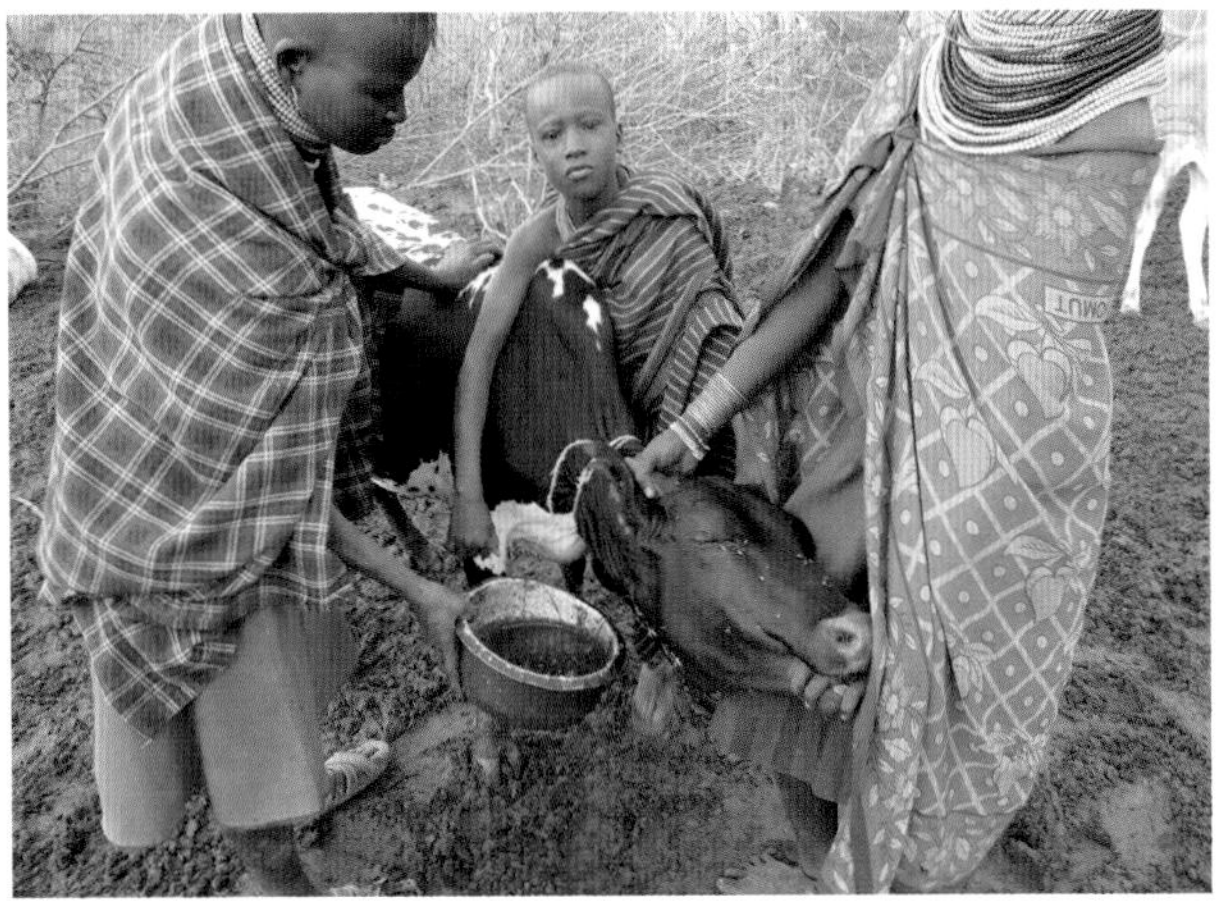
写真 19　ウシの頸静脈に矢を射って血を抜く

写真 15　ラクダの乳しぼり

写真 20 「ヒツジの血だが、飲むかね？」と勧めるアパアポオ

写真 16　ウシに水を飲ませる牧童

写真 17　小さい頃からヤギの世話をする

写真 21　ヤギの牧童

写真 14　ヤギの乳をしぼる少女。母ヤギの股下に潜りこんで仔ヤギが乳を吸っている。人はもう片方の乳首からミルクを分けてもらう（トゥルカナ、2019/12/26）
写真 15　ラクダの乳しぼり。ラクダは足を広げて体を開き、搾乳者を受け入れる（トゥルカナ、2019/09/06）
写真 16　川床を掘り下げた井戸からウシに水を飲ませる牧童（カリモジョン、1998/10/25）
写真 17　小さい頃からヤギの世話をする（カリモジョン、2003/03/18）
写真 18　ウシの出産を介助する牧童（カリモジョン、2005/03/19）
写真 19　ウシの頸静脈に矢を射って血を抜く。血も人の貴重な栄養源だ（トゥルカナ、2019/09/18）
写真 20　「ヒツジの血だが、飲むかね？」とアパアポオが言う。甘くて美味しい（トゥルカナ、2019/12/30）
写真 21　ヤギの牧童（ドドス、2013/08/21）
写真 22　放牧中にひと休み。木陰で母ウシと横になる牧童（トゥルカナ、2019/09/20）
写真 23　遊牧民と群れをつけ回す兵士（カリモジョン、2008/11/23）
写真 24　軍のバラック横の家畜キャンプ。奥に兵士たちがいる（ドドス、2013/08/22）

写真 23　遊牧民と群れをつけ回す兵士

写真 24　軍のバラック横の家畜キャンプ

写真 22　放牧中にひと休み

写真 25　ドドス人とトゥルカナ人の平和会議

写真 26　ドドス人がトゥルカナ人の友人を訪問する

写真 27　ウガンダ共和国カーボン県にある最大のマーケット

写真 31　仔ウシたちを囲いに入れる

写真 32　放牧地からキャンプに戻り、砂浴びするラクダ

写真 33　ウシの搾乳

写真 34　搾乳の途中、ラクダは気持ち良くなって、まどろんでくる

写真 28　エチョケイの木

写真 29　夕方、放牧から戻ってくるウシをうっとり眺める少年たち

写真 30　家畜囲いに戻るヤギとヒツジ

写真 25　ドドス人とトゥルカナ人の平和会議。ドドス側の参加者の輪の中には友人のジエ人の青年も加わる（ドドス、2018/02/09）
写真 26　ドドスの青年ロドゥコエ（奥の右側）がトゥルカナの友アキム（ロンゴロルの遠縁：奥の左側）を訪ねる（トゥルカナ、2018/02/09）
写真 27　ドドス人の居住地であるウガンダ共和国カーボン県にある最大のマーケット（ドドス、2014/12/26）
写真 28　エチョケイの木（野生のイチジクの一種）。カリモジョンはその巨樹に精霊（エキペ）が宿ると畏怖している（カリモジョン、2005/02/20）
写真 29　夕方、放牧から戻ってくるウシをうっとり眺める少年たち（カリモジョン、2005/02/20）
写真 30　家畜囲いに戻るヤギとヒツジ（ドドス、2016/09/27）
写真 31　子ウシたちを囲いに入れる（ドドス、2014/12/29）
写真 32　放牧地からキャンプに戻り、砂浴びするラクダ（トゥルカナ、2019/12/30）
写真 33　ウシの搾乳（トゥルカナ、2019/12/29）
写真 34　搾乳の途中、ラクダは気持ち良くなって、まどろんでくる（トゥルカナ、2019/12/27）

写真35　歌う若者たち（ドドス、2014/12/27）
写真36　ビーズを編む少女たち。ロンゴロルの妹アモニ（左）。「アモニ」は野生のサイザルや背の高い草で地面が見えないブッシュという意味。「カリモジョンから攻撃されて藪の中に逃げ込んだ時、私が生まれたわけ」人名は遊動する自然環境と結びつき、時に民族関係を刻む（トゥルカナ、2019/09/18）
写真37　ダンスパーティー。一人ひとりのエモンを合唱し、跳躍する（ドドス、2014/12/28）
写真38　結婚式のダンス（トゥルカナ、2019/09/16）
写真39　エモンを歌いながら「結婚を認めよ」と娘の親族に対して迫る求婚者の青年と加勢する友人たち（ドドス、2014/12/25）
写真40　ヒツジの腸を「読む」。未来を占うトゥルカナの夫婦（トゥルカナ、2019/12/30）
写真41　ハイエナ（マサイマラ、2004/08/20）
写真42　カメレオン（マサイマラ、2004/08/19）

写真35　歌う若者たち

写真36　ビーズを編む少女たち

写真37　ダンスパーティー

写真 38　結婚式のダンス

写真 41　ハイエナ

写真 39　求婚者の青年と加勢する友人たち

写真 42　カメレオン

写真 40　ヒツジの腸を「読む」

9 エチオピア牧畜民の老いの儀礼と豊饒性
——老人式はどのように行われるか

田川　玄

八年ごとに〈老人〉が誕生する

ボラナは、南部エチオピアから北部ケニアにかけて居住する、ウシに高い価値をおく牧畜民である（写真10、12）。この社会では八年に一度、老人式が開催される。老人式によって年配の男性は〈老人〉となり、社会全体が新たな〈老人〉の誕生を祝福する。老人式では牧畜民の願う豊饒性が象徴的に示される。筆者は一九九五年と二〇一九年に老人式に参加した。本章では、主に二〇一九年の調査をもとに牧畜民が願う豊饒性が示される儀礼がどのように行われるのかを示したい。

老人式とはなにか?

老人式はガダ体系と呼ばれる八つの階梯から成り立つ年齢制度の儀礼である（図1）。詳細な説明は省くが、年齢制度において父親の位置によってその息子が人生をはじめる階梯が決まる。結果として、ほとんどの男性は第一階梯ではなく中途の階梯から人生をはじめる。しかし、最後のガダモッジ階梯だけはすべての男性が終えなくてはならない。この階梯を終えた男性は儀礼的に〈老人〉というカテゴリーに入る。老人式を終えずに死んだ父親をもつ男性は、年をとっても自分の老人式を行う資格はない。こうした男性はまず亡父のための老人式を済ませてから、自分の儀礼を行わなくてはならない。なぜ、八つの階梯のうち最後の階梯だけを終えて〈老人〉にならなくてはならないのであろう。ボラナに尋ねても、「それはアーダーだから」「そうしないといけないもの」という返事しか返ってこない。アーダーとは、慣習や規範などを意味する言葉である。

　老人式を終えた男性が死ぬと、ウシ囲いのなかに埋葬される（写真1）。家屋が女性によって建てられる女性の空間であるのに対して、ウシ囲いは男性によって作られる男性の領域である。ウシ囲いに埋葬されるのは、男性として立派な死であるとされる。

ものの象徴性

最終階梯ガダモッジの男性の儀礼的な装いは、独特で目を引く。

　彼らが額につける金属製の儀礼具がある。これをカラッチャという（写真2、11）。研究者は男根の象徴として記述するが、ボラナはそのような言明はしない。そもそも、この儀礼具はオスとメスに分けられる。ウシの乳房にある乳首と同じく儀礼具の先に四つの突起があるものがメスであり、それがないものがオスであるという。なお、カラッチャは、ガダモッジ階梯だけでなく、ボラナの政治的儀礼的なリーダーたちも額につけて儀礼を行う（写真13）。

　ガダモッジ階梯の男性の頭髪は、野生アスパラガスの繊維を頭髪に編み込む独特の髪型である。彼の妻がこの髪型に整える。

図1　ガダ体系の階梯

第8階梯ガダモッジ：8年
第7階梯ユーバ：27年
第6階梯ガダ：8年
第5階梯ドーリ：5年
第4階梯ラーバ：8年
第3階梯クーサ：8年
第2階梯ガンメ：16年
第1階梯ダッバレ：8年（16年）

写真1　ウシ囲いにつくられたガダモッジ階梯を終えた〈老人〉の墓（エチオピア連邦民主共和国オロミア州ボラナ県、2,019/07/15、筆者撮影）〈以下、撮影地、撮影者はすべて同じ〉

写真2　メスのカラッチャをつけたガダモッジ老人（手前）（2019/07/21）

エチオピアと本章の舞台

ガダモッジの階梯に入るときに編み込みを始めて徐々に大きくし、階梯を終える老人式でその頭髪を剃り落とす。

　ボラナの男性はガダモッジ階梯になっても、正直なところ長く留まりたくはない。なぜならば、この階梯にいるあいだ、日常的にさまざまな禁忌に縛られるからだ。このため、多くの男性はせいぜい数ヶ月、短ければ数週間のみガダモッジ階梯となる。頭髪の編み込みの大きさを見れば、彼のガダモッジの期間の長さが分かる。一九九五年と比べて二〇一九年のガダモッジ階梯の頭髪のほうが、編み込みの幅が短い印象だった。

　ガダモッジの頭髪に編み込む野生のアスパラガスの繊維はミルク容器の材料である（写真3）。ミルク容器は女性が結婚するときに母親からもたされる「花嫁道具」であり、日用品としてだけでなく既婚女性の儀礼具としても使われる（写真20）。

　研究者にとってカラッチャが男根の象徴であれば、ミルク容器は子宮の象徴とみなされる。一九九六年に筆者は、年齢制度の中心にある第六階梯ガダの儀礼的政治的リーダーの巡礼に同行したのだが、その際にミルク容器からミルクをカラッチャ儀礼具に垂らしてミルクバケツに受けるという印象的な儀礼に立ち会った（写真13）。カラッチャにオスがあろうがメスがあろうが、カラッチャとミルクとミルク容器との結びつきを示す儀礼は、それらが男根や乳房や子宮の象徴かはどうかはともかくとして、豊饒性と結びついていることは確かであろう。

写真3　大きな容器にミルクを入れる儀礼（1995/06/18）

〈老人〉になるのも大変だ——二〇一九年の老人式を中心に

　ガダモッジの期間の長さがどうであれ、老人式を終えるのは大変なことである。老人式の儀礼はボラナの居住地域に点在する儀礼地で行われる。八年毎に儀礼の暦にしたがって、ガダモッジとその家族が半定住の集落から家財道具を積んだラクダを引いて家畜をともない、かつて自分の父親が剃髪した儀礼地に集結する。前回の儀礼から八年の歳月がたち、すでにブッシュとなった儀礼地は再び切り開かれ、老人式のための大集落が出現する（写真4、14）。

写真4　移動して間もないガダモッジ儀礼集落（1995/06）

　老人式の最後にガダモッジ階梯の男性は頭髪を剃り落とすが、それまでの約一ヶ月間さまざまな儀礼を行う。例えば、特別な木や井戸で供物を奉納する儀礼（写真6）、ミルクで大きな容器を満たす儀礼（写真3）、ウシやヒツジの供犠などである。

　この儀礼の期間、女性はウシ囲いに落ちている牛糞を集めて、ウシ囲いの扉である木枝の前とウシ囲いのなかに一つずつ山を作っていく（写真16）。ガダモッジ階梯の男性一人にそれぞれ一つの山を作るため、儀礼集落のウシ囲いの出入り口には、ずらりと牛糞の山が並ぶ（写真15）。ウシ囲いのなかに作った山には、剃り落としたガダモッジの頭髪を納めるための窪みを作る（写真5）。毎日牛糞を集めて積んでいくので、日がたつにつれて牛糞の山は大きくなっていく。

　ガダモッジ階梯の男性は、儀礼的な禁忌に縛られた日常生活を送る。彼らの装いと儀礼的な隠語を用いた会話から、なにやら

写真5　ガダモッジ老人の頭髪を納める牛糞の山（2019/08/02）

写真6　特別な木のもとで行うガダモッジ儀礼（1995/05/31）

荘厳な聖性に包まれているようにみえるかもしれない。しかし実際には、ビール片手に会合をしていた（写真17）。そうでなくともボラナの会合は冗長であるのだが、まとまらない話がますますまとまらなくなる。さらに、平安であるべき儀礼集落で日中から酔っぱらい、喧嘩となったり、たまたま通りかかった外国人（筆者）に絡んだりもする。

そうこうしているうちに、ガダモッジが剃髪する日が近づく。ところが、明日だと聞いたら明後日になり、明後日になったと思ったら、さらに日程が変更されるというような調子である。最終的には、携帯電話で各地の儀礼地と年齢制度の政治的儀礼的リーダーたちとで日程を調整して儀礼の日が決まったという。

剃髪の日。未明にガダモッジの男性とその家族がウシ囲いに向かい、まずはじめにウシが供犠される（写真18）。続けて椅子に座ったガダモッジ男性を取り囲み、彼の妻が頭髪に編み込まれたアスパラガスの繊維を剃刀で切り離していく（写真7）。みなと

↓写真7　ガダモッジ老人の剃髪（2019/08/04）

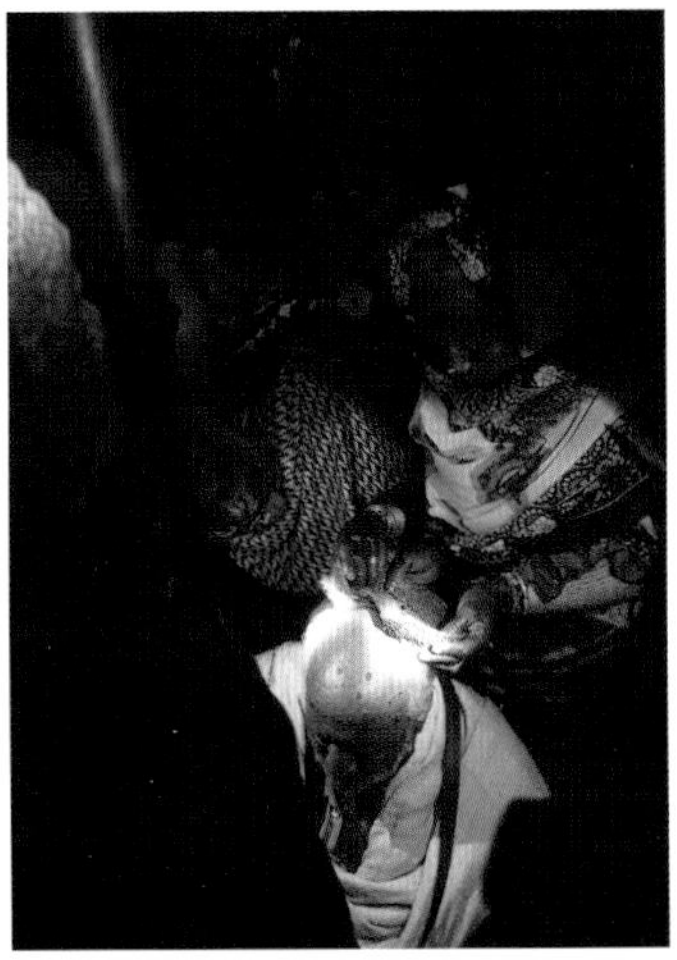

ても緊張している。妻と息子は切り離された頭髪をミルクバケツの上に載せて運び、大きくなった牛糞の山の窪みに納める（写真8）。

剃髪した男性は〈老人〉となった。彼は儀礼家屋のなかの帳で遮った寝室に隔離されるが、そのまま静かな隔離期間を過ごすことにはならない。夜が明けるとあたりは儀礼の準備で騒々しくなる。準備が整うと〈老人〉の娘や息子の世代が列を作り〈老人〉の隔離されている寝室に向かってくる。儀礼に参加しているみなが緊張している（写真19、20）。

ここが〈老人〉の人生のクライマックスだ。カラッチャをつけた息子世代の男性が儀礼家屋に入り、帳の向こうの〈老人〉に「お父さん！　ディンテディナ！」と呼びかける。〈老人〉も「ディンテディナ」と応答し、双方が儀礼の決まり文句を掛けあう。息子世代の男性が〈老人〉の人生の手柄を尋ね、儀礼家屋の客人は固唾を飲んで聞く。一九九五年の儀礼では、〈老人〉は敵のウシを略奪したことや戦いで敵を殺したことを誇らしげに朗唱した。興奮のあまりトラン

写真8　ガダモッジの頭髪を牛糞の山のなかに納める（1995/07/01）

ス状態に陥り言葉が出なくなると、彼の息子が朗唱を引き継いだ。儀礼が終わった後にも、手柄話から誰がもっとも勇者であったかが語られた。筆者も客人の一人として手柄話を聞くことができた。興奮のなかにも秩序があった。

ところが、二〇一九年の儀礼では〈老人〉の儀礼家屋の前に見物人があふれかえっていた（写真9、21）。その過密状態のなかで、行列の先頭にいた女たちが次々にトランス状態となった。儀礼家屋のなかもスマートフォンをもち小綺麗なシャツを着た少年少女が鮨詰め。そこでトランスした女性が暴れ回り、少年少女が逃げ惑い右往左往する。木枝と葉で作られた儀礼家屋は右に左に揺れ、なかにいた筆者は潰れてしまうのではないかと肝を冷やした。

この混乱のため筆者はわずかな〈老人〉の手柄の朗唱しか聞くことはできなかったが、聞くところによれば、役人の仕事や商売の手柄が語られたとのことであった。最終日に儀礼に集まった少年少女は、町で学

写真 9　儀礼参加者と見物人で身動きが取れない状態（2019/08/04）

校教育を受けている世代である（写真22）。これらの少年少女だけでなく、儀礼集落は町や村からやってきた訪問客であふれていた。一九九五年と比べて二〇一九年の老人式は盛大になり、いろいろなものがつけ加わっていた。客人をもてなすために無数のビールと支援物資の米が供された。しかし、かつては塊で振る舞われたウシの肉は、今回は炊いた米のうえに細かく刻まれて供された。筆者は少し寂しく感じたのだった。

儀礼に象徴的に表れる豊饒性

この二四年のあいだに儀礼は様変わりしたが、ボラナの男性は老人式を終えることを人生のなかで大切に思いつづけていることに変わりはない。老人式をはじめとしてボラナ社会の儀礼では、参加者は天の神へ人と家畜の豊饒を祈願しボラナ社会を祝福する。豊饒とは具体的には次のようなことである。天の神は雨を降らせ大地は緑豊かに草木で覆われる。牧草を食べた家畜が肥え子どもをたくさん産み、常にミルクに恵まれ人も満腹する。女性は子どもをたくさん産み子どもはすくすくと育つ。人びとは健やかに長生きする。いつも変わらぬ願いである。

引用文献

田川　玄

二〇一四「福因と災因：ボラナ・オロモの宗教概念と実践」石原美奈子編『せめぎあう宗教と国家：エチオピア　神々の相克と共生』風響社、一九九—二三五。

二〇一六「老いの祝福：南部エチオピアの牧畜民ボラナ社会の年齢体系」田川玄・慶田勝彦・花渕馨也編『アフリカの老人：老いの制度と力をめぐる民族誌』九州大学出版会、九五—一二一。

写真 10　ボラナの半定住的な集落

写真 11　オスのカラッチャをつけたガダモッジ老人

写真 12　集落のウシ囲いのなかのウシと少年

写真 10　ボラナの半定住的な集落。小乾季の終わり頃の景観（2012/09/10）
写真 11　オスのカラッチャをつけたガダモッジ（1995/05/31）
写真 12　集落のウシ囲いのなかのウシと少年（2012/09/13）
写真 13　ミルク容器からミルクをカラッチャに垂らしてミルクバケツに入れるガダ階梯の儀礼（1996/12/09）

写真 13　ミルク容器からミルクをカラッチャに垂らしてミルクバケツに入れるガダ階梯の儀礼

写真 15　ウシ囲いの出入り口に並ぶ牛糞の山（2019/08/02）

写真 14　ガダモッジ儀礼集落（2019/08/02）

写真 16　ガダモッジ儀礼における牛糞の山の作成（2019/08/03）

写真 17　ビールを飲みながらのガダモッジの会合（2019/07/29）

写真 18　ガダモッジ老人の頭髪を剃る際にウシが供犠される（2019/08/03）

写真 19　ガダモッジ儀礼の女性の行列

写真 20　ガダモッジ儀礼の女性の行列

写真 21　儀礼参加者が見物人に取り囲まれた状態

写真 22　町から来た若者が女性の行列を取り囲み
スマートフォンで撮影

写真 19　ガダモッジ儀礼の女性の行列。出発を待つ間の緊張した面持ち。頭髪にバターを塗り儀礼杖をもち革スカートを着用するという儀礼の装い（2019/08/03）
写真 20　ガダモッジ儀礼の女性の行列。手前に牛糞の山がある。女性はミルク容器を背負っている。女性の頭髪はバターを塗って白い（2019/08/03）
写真 21　儀礼参加者が見物人に取り囲まれた状態（2019/08/03）
写真 22　町から来た若者が女性の行列を取り囲みスマートフォンで撮影（2019/08/03）

10 オイラト、動植物、無生物
——牧畜民的な「共生」とは

シンジルト

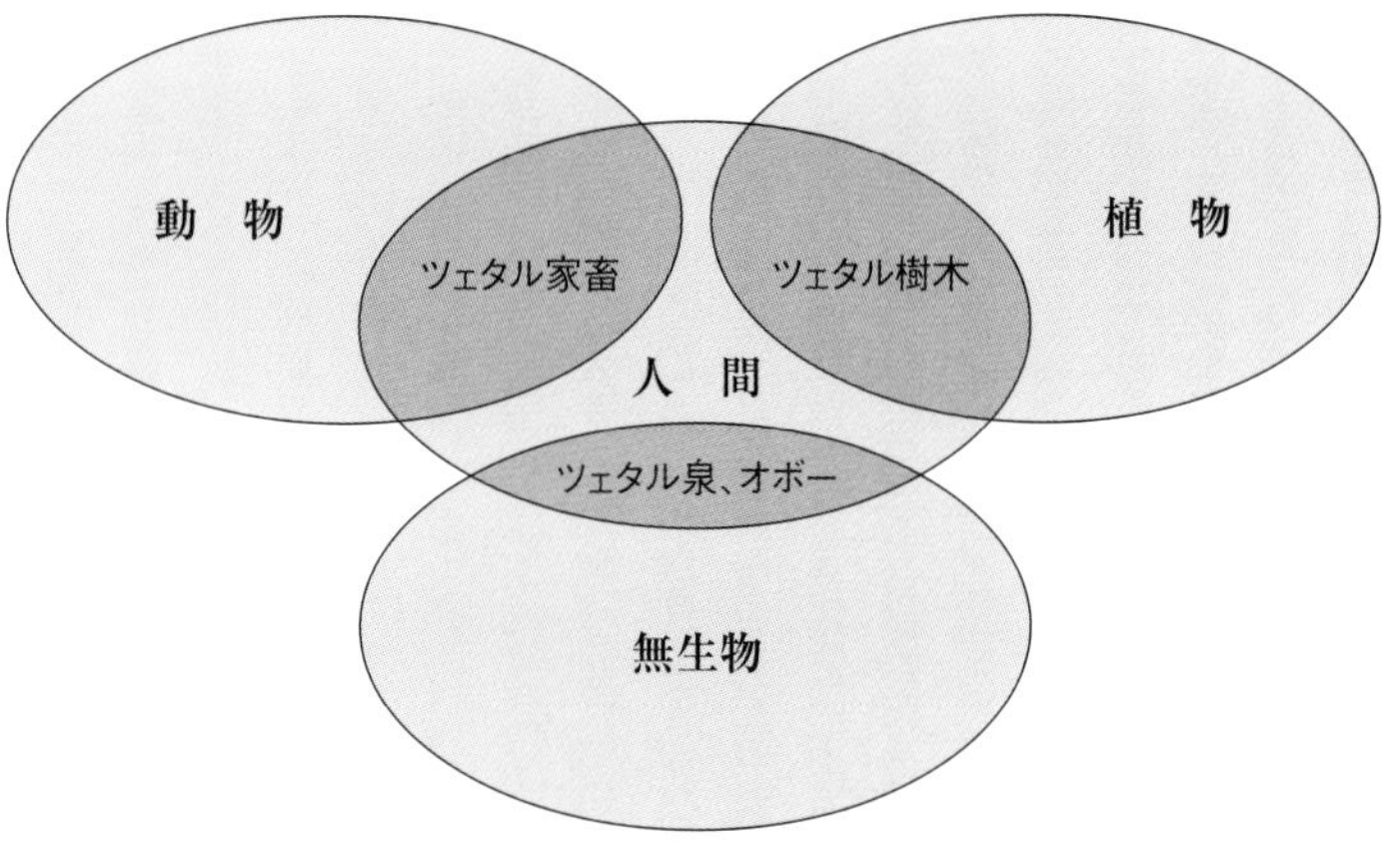

図1　一般共生

共生実現のため

異なる集団同士がいかに平和に暮らせるのか。共生社会の実現のための方法として、近代以降生まれたのが、国境など実体的な境界線による棲みわけであり、多数派による少数派の同化である。その同化主義に取って代わるのが、主権国家内における民族の多様性と文化の価値を尊重しようとする多文化主義である。しかし、多文化主義はやがて自民族中心主義へ転化する危険性が懸念されるようになり、特に「九・一一事件」以降、多文化主義を推進してきた西洋諸国でもその声が高まり、同化主義へ回帰する傾向が世界各国にみられることとなった。

共生実現の一方法としての同化主義的な発想の特徴は、集団同士の文化的な差異の無化による集団境界の消失を求めることにある。つまり同化主義的な共生と境界（差異）とは相克関係になる。それに対して、牧畜民の間にみられる共生と境界（差異）はむしろ相生関係にある。牧畜民的な共生は境界（差異）の存在を前提とするのだ。本章は、オイラト系牧畜民の経験から、牧畜民的な「共生」とはどのようなものなのかを解き明かすものである。本章で用いる民族誌的データは［シンジルト 二〇二二］に依拠している。

写真1　家畜は牧畜民にとって最大の収入源であり財産である（河南蒙旗、2009/09/12、筆者撮影）

明確な境界

オイラト系牧畜民にとって、家畜や犬そして樹木をはじめとする動植物、そして草原や泉といった無生物は、利用の対象になるという意味で資源である。その資源利用のため、動植物や無生物と人間との境界は常に明確でないといけない（写真4〜18）。ここでは、資源利用の一例として、屠畜の方法を取り上げ、その方法を地域的なマジョリティのしきたりに適合させてきたオイラト牧畜民の柔軟性を理解する。

現在、オイラト人は、トルキスタン、チベット高原、モンゴル高原、中央アジア、東ヨーロッパに分布している。中国（地図中のA〜F地域）やモンゴル国（G）ではモンゴル民族の一下位集団として、ヨーロッパに位置するロシア連邦カルムイク共和国（H）、そしてシベリアに位置するロシア連邦アルタイ共和国（I）の基幹民族として、キルギス（クルグズ）共和国イシク・クル地域（J）ではイスラーム教を信仰するサルト＝カルマク人として暮らしている。このようにオイラト人は異なる国家や民族そして宗教の境界を横断しながら、さまざまな他者と共に暮らしてきた。本章で主に取り上げるのはA、B、Eの三地域である。彼らはその暮らす地域によって、異なった屠畜方法を採用している。それらは三つに大別できる。

内モンゴル自治区（以下内モンゴル）西部（B）に暮らすオイラト人は、非オイラト系のモンゴル族と同じく家畜を仰向けに寝かせ、小さいナイフで、家畜の腹部を小さく切り裂き、そこから手を入れ、横隔膜の高い位置を破って、指で心臓の肺動脈を掻き切って屠るという方法を採用している。「腹割き法」とでもいうべきこの方法は、モンゴルの伝統的な屠畜方法ともいわれる［小長谷 一九九六］（写真19）。「腹割き法」はモンゴル語で「ウルチラフ」といわれる。モンゴル人地域ではこのモンゴル式屠畜方法がほかの方法と対比されたり、モンゴルの民族性と関連づけて語られたりすることはほとんどない。

新疆ウイグル自治区（A、以下新疆）のオイラト人たちは、土地の神をまつるなど儀礼のため屠畜する場合は、胸部を開く（ウルチラフ）という方法をとる［Na basang 1994］。ウルチラフ以外はマジョリティのカザフ族とほぼ同じくイスラーム式の屠畜方法である。知覚のある間に、脊髄を切断せず、気管、食道、頸動静脈を一気に切断する「放血法」である（写真20）。このような方法を採用した理由については、彼らはムスリムが多いから、それに合わせないといけないという。

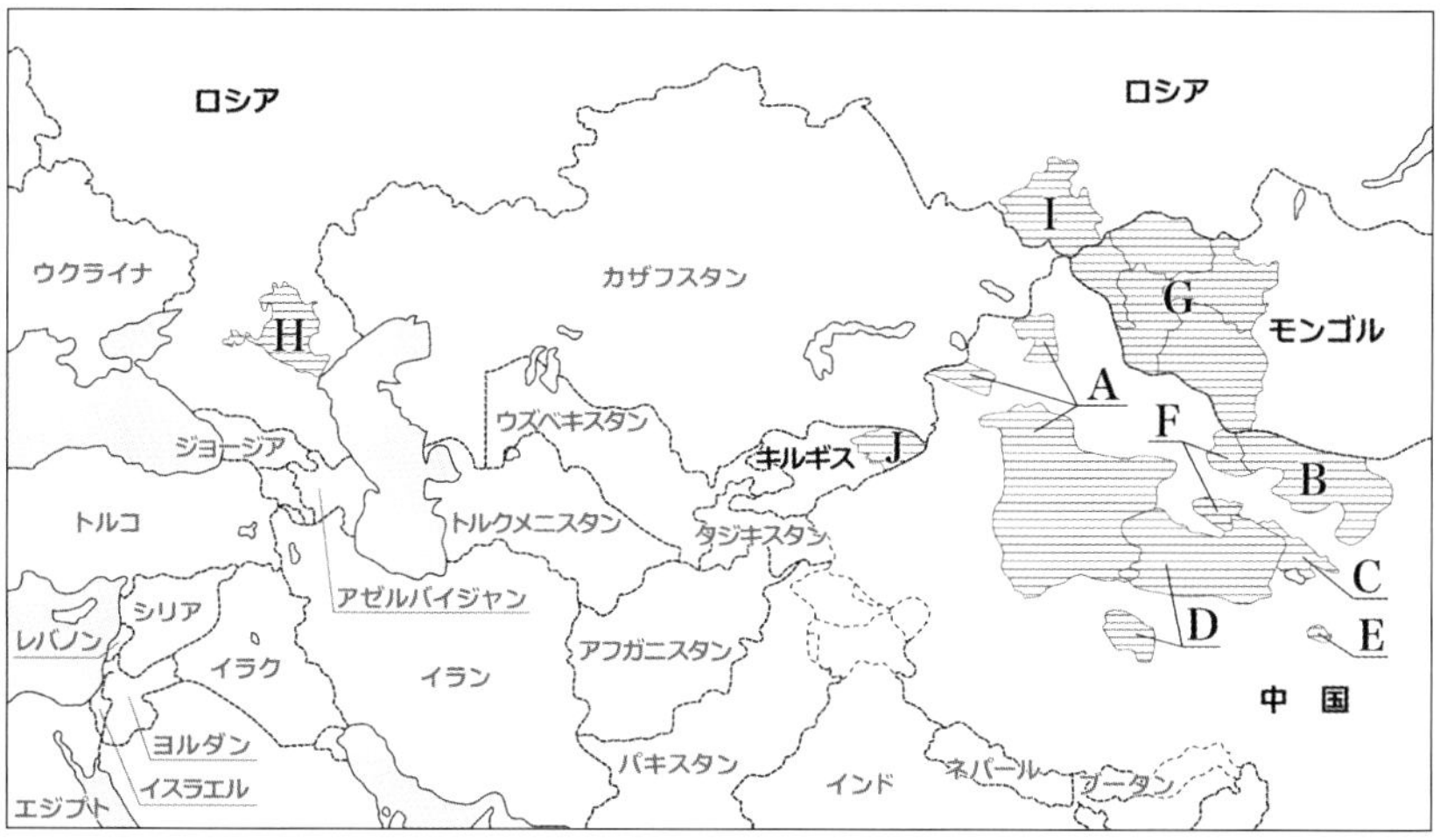

ユーラシア草原におけるオイラト諸社会

A　中国新疆ウイグル自治区主要なオイラト地域
B　中国内モンゴル自治区アラシャ盟
C　中国青海省海北チベット族自治州
D　中国青海省海西モンゴル族チベット族自治州
E　中国青海省黄南チベット族自治州河南モンゴル族自治県
F　中国甘粛省酒泉市粛北モンゴル族自治県
G　モンゴル国西部主要なオイラト地域
H　ロシア連邦カルムィク共和国
I　ロシア連邦アルタイ共和国
J　キルギス共和国イシク・クル地域

チベット高原（C、D、E、F）のオイラト人の屠畜方法は、一部（D、F）を除き、地域的マジョリティのチベット人と同様の「窒息法」である。例えば、青海省黄南チベット族自治州河南モンゴル族自治県（以下河南蒙旗）で、ヒツジの場合はヤクの毛や羊毛で編んだ縄や皮製のベルトでその口を縛り付け、気絶するまで五分から一〇分くらい時間をかけて窒息させる。気絶後、胸骨の下部にナイフで一〇センチほど切り込み、手を入れて心臓の肺動脈を切り、それから内臓を出し、胴体を解体する（写真21）。ウシも基本的に同じだが、ウシの場合は心臓の肺動脈に加えて、背骨近くの脈も切断する必要があるとされる（写真22）。ウシの場合は、気絶するまで二〇分から三〇分はかかる。

このように屠畜方法はオイラト人としての集団的アイデンティティとの関連が希薄だ。地域的な特徴がみられるものの、共通していえるのは、自分たちの屠畜方法こそ家畜に優しく、その肉の味が最高だという確信である。屠畜方法を通して、オイラトにとって他集団との境界は明確であるが、同時にそれは乗り越え可能であるということが分かる。

一般共生

牧畜民にとって家畜は基本的に屠られたり売られたりするためにいる。ところが、オイラト社会では、牧畜民が何らかの理由で特定の家畜を屠らず売らず天寿を全うさせることがよくみられる。この実践は「ツェタル」といわれる。ツェタルはチベット語で「命を解放する」を意味する語である（ツェタルは、オイラト語では「セテル」として定着しているが、表記上の混乱を避けるため、本章ではツェタルに統一する）。ツェタル実践においては、家畜だけではなく動物一般、植物や無生物と彼らとの間の境界が超越されてゆき、結果として生まれた「ツェタル家畜」や「ツェタル樹木」そして「ツェタル泉」などに代表される、人間と人間ならざるものとの間の共生関係が顕著になっていく。ツェタル実践は、牧畜民が僧侶に依頼し一定の儀礼を行ってもらうこともあるが（写真23）、自らツェタルの対象となる動植物に五色のリボンをつけ、自分の願いを口で伝えるという簡単な手続きで済まされるのがほとんどである（写真24・25・27）。

大事な資源である家畜に対してその利用を放棄するかのようにもみえるツェタル実践の存在理由については、それは仏教の教えだからという信仰説もあれば、それは肉食が主である牧畜民による家畜の種に対する罪滅ぼしという贖罪説［フレイザー　二〇〇三］もある。

しかし、ツェタル実践の現場からは、牧畜民たちがその日常生活の喜怒哀楽に基づいてツェタルを行っていることが分かる。そのきっかけは、例えば、孫娘の学校での対人関係の問題だったり、娘の難産だったり、夫の精神的な病だったり、活仏の入院だったりするような人間側に起因するものもあれば、狼に襲われても死ななかった仔ヒツジだったり、崖から墜落し大怪我をしながらも死ななかったヒツジだったり（写真26）、外見があまりにも立派なウシだったり、人間の遺体を運び、険しい山道を通って、山頂にある鳥葬の葬儀場まで登っていて、一度も失敗したことはなかったヤクだったりするような家畜側に起因するものもある（写真28）。家畜だけではなく犬などの動物も、そして動物だけではなく、低木や一本の樹木など植物（写真29）、さらに動植物に限らず、泉（写真30）やオボーと称される高台（写真31）といった無生物もツェタル実践あるいはツェタルのような実践の対象になりうるのである。なお、オボーを祀ることは幸運を意味する「キーモリ」を獲得する実践であり、キーモリは、観念と同時に実体でもある（写真32）。

ツェタル実践のきっかけは多様だが、基本的に「ヤン」と呼ばれる絶対的幸運を獲得するためである。ヤンは人間のみならず動植物や無生物も含むあらゆるものの中に遍在する。同時に何らかの理由で、ヤンは特定の個体に多かったり別の個体に少なかったりして、偏在もする。人間や家畜動物などが、病んだりうまく行かなかったりするときには、その個体のヤンが低下したからだとみなされ、その上昇のため家畜やその他の動植物をツェタルする必要がある。そのため、牧畜民

写真2　ヒツジを売ってからそのヤン（一握りの毛）を取っておく（河南蒙旗、2009/09/12、筆者撮影）

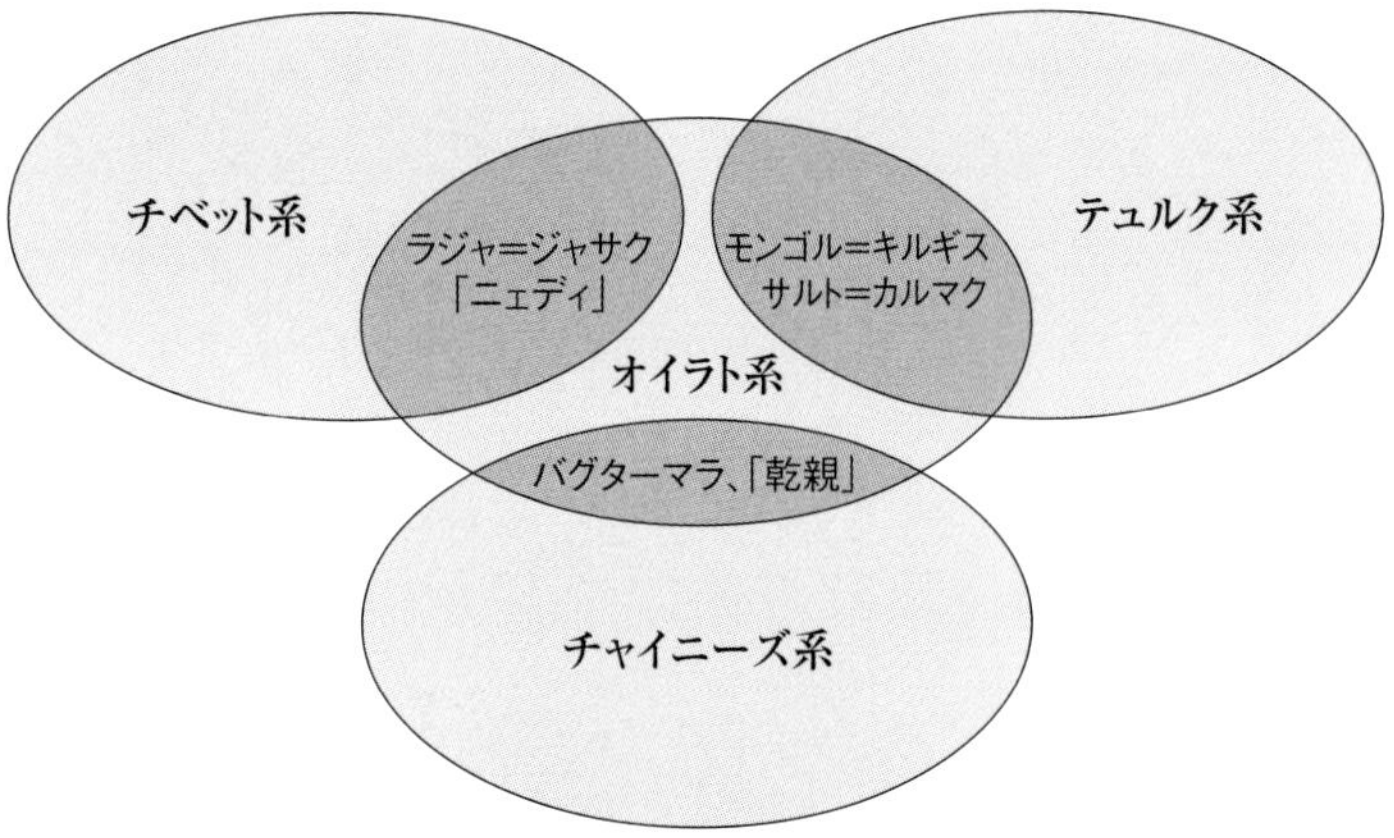

図2　限定共生

は家畜を売る際、その家畜のヤンをキープしておくべく、必ずその毛を一握り取って燃やしたりどこかに大事にしまったりしておくのが流儀である。それがやがてヤンの塊になるケースもある（写真33）。このように、ヤンもまた前述のキーモリのように観念であると同時に実体でもある。

ヤンの下で人間とそれを取りまく動植物や無生物は連続するのである。ヤンを追求するという文脈においてツェタル実践がみられ、そこでは人間と人間ならざるものとの境界が超越可能になる。先にオイラトにとって境界の存在は明確だが、同時にそれは乗り越え可能であるということを述べた。そのことが、人間と人間ならざるものとの関係においても裏付けられた。

図1で示したように、人間と動物・植物・無生物との重なる部分であるツェタル家畜・ツェタル樹木・ツェタル泉やオボーを人間とそれらの種との共生を表すものとみることが可能なら、種を横断するこうした共生は「一般共生」といえよう。

限定共生

オイラトの活動空間は広く、国家の公定民族には収まらないユニークな集団も多い。まず、その本拠地であるトルキスタンにおいてはテュルク系との関係で「サルト＝カルマク」や「モンゴル＝キルギス」といった集団が生まれた。一方、前者のサルト＝カルマクは、一九世紀末に戦乱から逃れて現在の新疆ジョウソ県からキルギス共和国に移住したオイラト（ウールド部族）の末裔である。今イスラーム教を信仰する彼らは、キルギスにおいてエスニック・グループをなしている。その後サルト＝カルマクの一部が逆にキルギスから新疆に戻り、中国の公定民族区分では「サルト＝カルマク」という範疇はないため、その末裔は今キルギス族になり、地域のキルギス族やカザフ族などのムスリム、そして仏教徒のオイラトと共生している。サルト＝カルマクたちは自分たちの先祖のことを知っているが、キルギス族という今の身分には違和感を持たない。他方、「モンゴル＝キルギス」とされる仏教を信仰する集団は、「キルギスはムスリムである」という固定観念を覆す存在である。彼らは一八世紀後半にオイラトのウールド部族と統合し「ウールド・モンゴル・十ソムン」という集団を構成し今日に至った（ソムンは清朝の軍事組織名だったが、やがてモンゴル人が暮らす地域の行政組織を指すようになり、内モンゴル自治区で今も使われている）。

モンゴル＝キルギスの人びとは、オイラト牧畜民と同じくチベット仏教を信仰しており、両者の通婚も頻繁に行われている。彼らの本当の民族はモンゴルかキルギスかをめぐる議論が長年続いた。彼らは身分証明書の上でキルギス族になっているが、当事者はキルギス族であることに実感がなく、むしろ「モンゴル＝キルギス」としてのアイデンティティが強い。彼らにとってモンゴル＝キルギスの「キルギス」は「十ソムン」の一つのソムンである「キルギス・ソムン」を意味し、モンゴル＝キルギスの「モンゴル」は仏教を意味するものであるため、「モンゴル＝キルギス」のほうが自然である（写真34）。

また、オイラト系牧畜民の一派が一七世紀中葉にチベット高原に移り、チベット系牧畜民と相互関係を築いた結果としても多くのユニークな部族が生まれた。その一つが、「ラジャ＝ジャサク」である。当部族は一九三〇年代まで中華民国政府から「モンゴル」と認められ、モンゴル文字の公印も与えられた。その後、オイラトの主流派に当たる河南蒙旗（地図E地域）から分離して、今はチベット族になった。ラジャは寺院の名であるが、ジャサクは清朝時に、モンゴル地域にしか与えなかった官位の名である。ラジャ＝ジャサクの人びともオイラト系の先祖たちの歴史をよく知っているが、そのことと自分たちが今はチベット人であることとは矛盾を感じないようだ。

オイラト系牧畜民とチベット系牧畜民との関係でいえば、中国の西部大開発事業の一環としての定住化に伴い、二〇〇〇年以降に生まれた「ニェディ」という現象が注目される。「ニェディ」とは、ある特定の歴史上の人物の末裔が、一か所に集まり、様々なイベントを開催し、一族の歴史を記録し出版するような現象である。集まる人の数は場合によって千人にも上る。ということは、集まるため、場合によっては数百キロメートルの旅に出かけないといけないことを意味する。先祖は同じだが、その子孫は現在チベット族になったりモンゴル族になったりして、この文脈では親族が民族を横断していく（写真3）。

さらに、中国本土に近い内モンゴル自治区西部で、オイラト系牧畜民とチャイニーズ系農耕民との相互関係の結果として生まれた

写真3　カルシェン氏の末裔のニェディ（河南蒙旗、2020/08/11、ツェラン・トンドゥプ氏提供）

のが「バグターマラ」という集団および「乾親」という擬制親族の現象である。「バグターマラ」は「受け入れられた者」の意であり、外部から移民してきたチャイニーズ系農耕民で、オイラト式の名前をもち、オイラト語を話し、チベット仏教を信仰する人たちやその子孫たちを指す。彼らは新しいチャイニーズ系移民からもオイラト系とみなされる。新しい移民たちはバグターマラを含むオイラト系の牧畜民と「乾親」という擬制親族関係を結びたがる。彼らの論理では自分たちの子どもに降りかかる不幸は、血縁的にそして言語文化も異なるオイラト人にその子の義理の親になってもらうことで、回避できるということになっているからである。その発想はオイラトにとっては共感できるものではない。しかし、万物にケシゲ（絶対的幸運を意味するオイラト語であり、既述のチベット語「ヤン」と同義である）があり、相手の要請を断るとケシゲは低減するという論理に基づいて、オイラトは「乾親」締結の要請を受け入れる。オイラトのこの行為は相手からは寛容だと理解され、結果的に一種の共生が成立する。

　図2で示したように、オイラト系とテュルク系・チベット系・チャイニーズ系との関係は異なる文脈で結ばれ、そこで新たに生まれた集団や現象も全く同じとは言い難い。しかし、それらの共通項が「共生」であることは、以上のことからもいえる。共生の結果として生まれたのが諸々の地域集団であり、集団境界をめぐって生起する諸現象は共生の条件であり、過程である。種を横断する「一般共生」に比べて、この共生は、種内における共生という意味で、「限定共生」といえよう。

牧畜民的な「共生」とは

　「明確な境界」で述べた、日常生活で資源という客体的な立場にある人間ならざるものの存在が、「ツェタル」の例のように時にそれは主体性をもつこともあり、人間との共生、つまり、一般共生が現れる。この一般共生と、人間界内部での限定共生との間の関係は、因果というより相関であろう。二つの共生の間に時間的な優先順位はないが、両者の間には強い類似性がみられる。図1の中に図2をみることができ、逆もまた然りである。

　冒頭でも述べたように、現代社会において「共生」について論じる際、それは基本的に人間同士の共生であり、本章でいう限定共生のことである。またそこでいう共生は、境界とは相克関係にあると措定され、共生実現は境界の無化を前提とする。それはおそらく本章でいう一般共生と限定共生を分断して、完全に別のものとして考えるようになったからではないだろうか。それに対して、牧畜民の判断において、一般共生と限定共生は同じコインの表と裏のように常に一体である。

　彼らの自然観を一般共生、集団観を限定共生に置き換えた場合、両者は相互参照、相互規定の関係にある。理念においては境界の存在を前提としながら、実践においてはその超越を行っている。オイラト系牧畜民とその他の人間集団との関係から分かるように、牧畜民的な「共生」とは、境界（差異）そのものを無化することによってではなく、境界や差異に価値評価を付与しないことによって成り立つ、他者との遠近感覚である。

引用文献

小長谷有紀
　一九九六　『モンゴル草原の生活世界』朝日新聞社。
シンジルト
　二〇二一　『オイラトの民族誌：内陸アジア牧畜社会におけるエコロジーとエスニシティ』明石書店。
フレイザー、J・G
　二〇〇三　『初版　金枝篇（上下）』吉川信訳、ちくま文芸文庫。
宮脇淳子
　一九九五　『最後の遊牧帝国：ジューンガル部の興亡』講談社。
山口　格
　二〇〇二　「モンゴルにおける屠殺儀礼の現代的様相」『北アジアにおける人と動物のあいだ』小長谷有紀編、東方書店、三一二九。
Na basang
　1994　Oirad un ǰang aγali. kökeqota: Öbür mongγul–un arad–un keblel–ün qoriy_a.
Tumurtogoo, D.
　2014　'The Formation of the Oirat Dialect' in I. Lkhagvasuren and Yuki Konagaya (eds.), *Oirat People: Cul-tural Uniformity and Diversification*, Senri Ethnological Studies 86:1-7.

写真4　オイラト系ウールド部族の夏営地

写真7　河南蒙旗は「河曲馬　Hequ horse」の主産地

写真5　家畜の品評会に参加する牧畜民とその家畜

写真6　新疆イリ川流域は「イリ馬　Yili horse」の主産地

写真 8　品評会に参加する家畜は体長などが測定される

写真 9　各種の項目が測定された家畜の評価表

写真 4　オイラト系ウールド部族の夏営地（新疆ジョウソ県、2006/08/29、筆者撮影）
写真 5　家畜の品評会に参加する牧畜民とその家畜（河南蒙旗、2014/08/04、筆者撮影）
写真 6　オイラト人が暮らす新疆イリ川流域は中国の「三大名馬」の一つ「イリ馬　Yili horse」の主産地（新疆ジョウソ県、2006/08/28、筆者撮影）
写真 7　オイラト人が暮らす河南蒙旗は中国の「三大名馬」の一つ「河曲馬　Hequ horse」の主産地（河南蒙旗、2014/08/03、筆者撮影）
写真 8　品評会に参加する家畜は体重・体高・体長・尻幅・胸囲などが測定される（河南蒙旗、2014/08/04、筆者撮影）
写真 9　各種の項目が測定された家畜の評価表（河南蒙旗、2014/08/04、筆者撮影）
写真 10　野生ヤクの血が入っていると噂される河南蒙旗のブランド品種である「ホド・ヤク」も品評会に参戦している（河南蒙旗、2014/08/04、筆者撮影）

写真 10　野生ヤクの血が入っていると噂される河南蒙旗のブランド品種「ホド・ヤク」

写真 14　牧畜民にとってウマに加えてスマホも重要である

写真 15　家畜を売った後、屠場の前で誰かに電話する牧畜民

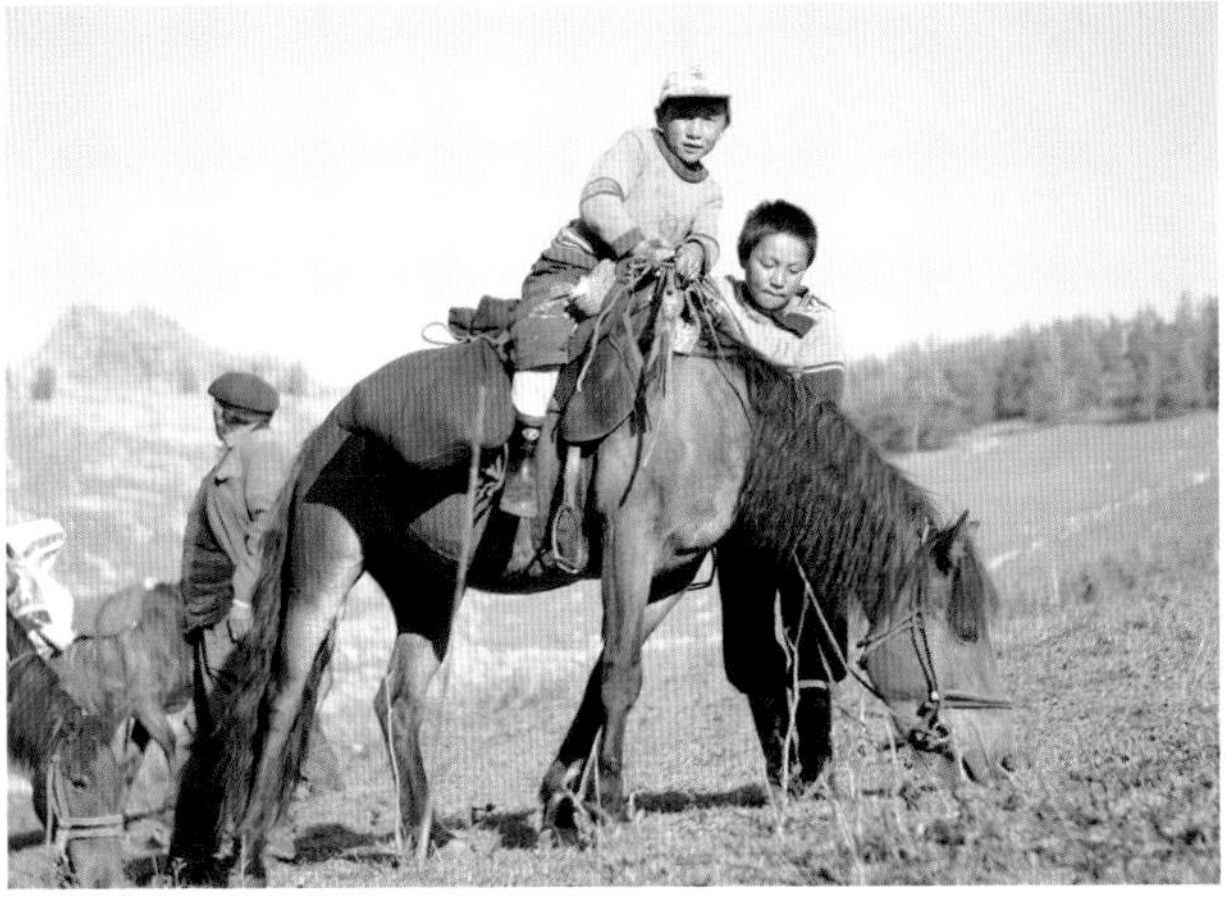

写真 11　晩秋になり親と共に冬営地へ移動する牧童たち

写真 12　所有を表すためウマに焼印を押す牧畜民

写真 13　白い愛馬と孫とスマホで話す牧畜民

写真 11　晩秋になり親と共に冬営地へ移動する牧童たち（新疆アルタイ山、2007/08/29、筆者撮影）
写真 12　所有を表すためウマに焼印を押す牧畜民（新疆ホボクサイル・モンゴル自治県、2008/09/05、筆者撮影）
写真 13　白い愛馬と孫とスマホで話す牧畜民（河南蒙旗、2009/09/11、筆者撮影）
写真 14　牧畜民にとってウマに加えてスマホも重要である（新疆アルタイ山、2007/08/29、筆者撮影）
写真 15　家畜を売った後、屠場の前で誰かに電話する牧畜民（河南蒙旗、2013/08/23、筆者撮影）
写真 16　定住化政策に伴い、冬に備えて牧草の刈り取りに追われている牧畜民（新疆ジョウソ県、2006/08/29、筆者撮影）
写真 17　牧畜民が暮らすバダンジリン砂漠の中のオアシスに位置するチベット仏教寺院（内モンゴルアラシャ右旗バダンジリン砂漠、2014/08/22、筆者撮影）

写真 16　定住化政策に伴い、冬に備えて牧草の刈り取りに追われている牧畜民

写真 17　牧畜民が暮らすバダンジリン砂漠の中のチベット仏教寺院

写真20　ヤギを放血法で屠る

写真18　チベットではウマ以外、ウシ（ヤク）もよく乗られる

写真21　ヒツジを窒息法で屠る

写真19　腹割き法

写真22　ヤクの解体

写真 23　ラブラン寺では旧正月 8 日、ツェタル家畜を飾るリボンが配られる

写真 24　首にリボンが付けられたツェタル・ヒツジ

写真 25　高齢になったツェタル・ヒツジのリボンを付け直す親子

写真 18　チベットではウマ以外、ウシ（ヤク）もよく乗られる（河南蒙旗、2009/09/13、筆者撮影）
写真 19　腹割き法（指で動脈を切る動作を再演）［山口　2002: 13］
写真 20　ある晩夏の夕方、ヤギを放血法で屠る新疆のオイラト人（新疆ホボクサイル・モンゴル自治県、2008/09/04、筆者撮影）
写真 21　ヒツジの窒息（河南蒙旗、2014/08/01、筆者撮影）
写真 22　ヤクの解体（河南蒙旗、2014/08/01、筆者撮影）
写真 23　甘粛省に位置するラブラン寺では旧正月 8 日はツェタル・ゲ・ニマ（ツェタルの日）と言われ、ツェタル家畜を飾るリボンが配られる（ラブラン寺、2011/02/10、筆者撮影）
写真 24　ツェタル儀礼が完了し、首にリボンが付けられたツェタル・ヒツジ（新疆ホボクサイル・モンゴル自治県、2008/09/03、筆者撮影）
写真 25　高齢になったツェタル・ヒツジのリボンを付け直す牧畜民親子（河南蒙旗、2009/03/01、筆者撮影）

写真 26　料理屋の前に昼寝するツェタル・ヒツジ

写真 30　ツェタルされた泉

写真 26　料理屋の前に昼寝するツェタル・ヒツジ（河南蒙旗、2009/09/15、筆者撮影）
写真 27　牧畜民が自ら行うツェタル儀礼（河南蒙旗、2009/03/05、筆者撮影）
写真 28　冬の山を歩くツェタル・ウマとツェタル・ウシ（河南蒙旗、2009/03/01、筆者撮影）
写真 29　ツェタルされた低木（河南蒙旗、2009/03/01、筆者撮影）
写真 30　ツェタルされた泉（新疆テケス県、2006 年 /09/03、筆者撮影）
写真 31　若者はオボー参りする（新疆ジョウソ県、2010/08/16、筆者撮影）
写真 32　キーモリはオボーや家屋の上あるいはその他の高い場所に飾られる、仏教の呪文が印刷された絹や布製の四角いの旗のことである（内モンゴル自治区アラシャ右旗バダンジリン砂漠、2014/08/21、筆者撮影）
写真 33　ぶら下げてあるヤンの塊と戯れる子ども（河南蒙旗、2009/09/13、筆者撮影）

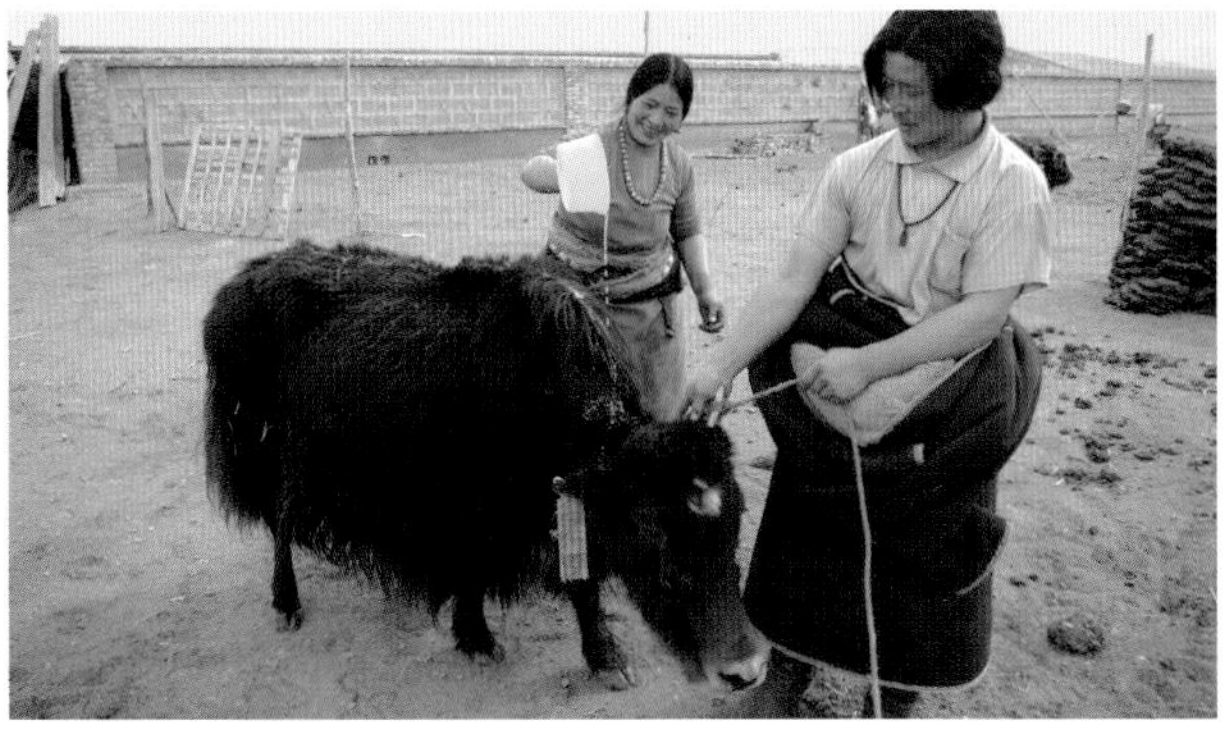
写真 27　牧畜民が自ら行うツェタル儀礼

写真 28　冬の山を歩くツェタル・ウマとツェタル・ウシ

写真 29　ツェタルされた低木

写真 31　若者はオボー参りする

写真 33　ぶら下げてあるヤンの塊と戯れる子ども

写真 32　オボーなど高い場所に飾られるキーモリ

写真 34　あるモンゴル＝キルギス人宅の庭に掲げられているキーモリ（新疆ドルブルジン県、2010/09/04、筆者撮影）

資料編

基本語彙解説

（本書に登場する語彙から、各執筆者の情報に基づき編者が集約）

あ――

アラル海　旧ソ連領カザフスタンとウズベキスタンとに跨がる、流出河川のない陸封湖であり、塩湖。アラル海の周辺地域は一九二〇年代まで通年移動をともなう遊牧形態の牧畜が残存していたが、一九二〇年代末からのソ連の全面的集団化政策により、遊牧民の定住化政策と漁業コルホーズの整備が行われた。アラル海流域での灌漑開発により一九六〇年から急激に縮小。北部小アラル海はダム建設により維持されているが、南部大アラル海はそのほとんどが干からびてしまった。ラクダ飼養が盛ん。（地田）

移牧　草と水を家畜に安定的に供給するために、家畜を連れた季節移動を伴う放牧形式の一つ。不定の場所を断続的に移動するスタイルを厳密な意味での「遊牧」と呼ぶのに対し、季節によって二―三箇所の定点間を移動するスタイルを「移牧」とよぶ。標高差による気温と植生環境の差を利用したパタンが多いが、緯度差による気候差を利用したものも存在する。（田村）

エモン　トゥルカナ語で「牧歌」。原義は「去勢ウシ」だが「オス」「お気に入りの個体」と転義し、「自分で作詞作曲した持ち歌」も意味する。複数形はンギモギン。（波佐間）

オイラト　中世からユーラシア大陸で活躍してきた、モンゴルと深い関係をもつ有力な遊牧系部族の連盟。オイラト人はいくつかの遊牧帝国を樹立したが、そのなかでジューンガル帝国は「最後の遊牧帝国」といわれる［宮脇　一九九五］。今オイラト人は、トルキスタン・チベット高原・モンゴル高原・中央アジア・東ヨーロッパに分布している。オイラト諸方言の話者は約七〇万人いる［Tumurtogoo 2014］。（シンジルト）〈［　］の文献は一三九頁参照〉

オグズ二四氏族　テュルク諸族の伝説上の名祖にして君主であるオグズ・ハンの子孫から生じたとされる二四の氏族のこと。一二氏族毎にボゾク、ウチョクの二グループに分かれるとされる。オスマン朝のみならず、セルジューク朝やその他アナトリアやイラン高原などで活躍したテュルク系諸部族はオグズ二四氏族に遡る血統の由緒を主張し、権威のアピールに用いた。（岩本）

汚染　汚れること。特に、細菌、ガス、化学物質、放射能などの有毒成分などによって深刻な影響をもたらす。その有毒性は必ずしも短期的に顕在化するとは限らず、問題の長期化が危惧される。（井上）

か――

カザフ　中央アジアのカザフスタン共和国を中心に、ステップ地帯を中心に暮らすテュルク系民族。日本や欧米・ロシアでは「カザフ」と称されることが慣例化しているが、厳密には「カザク」。（秋山）

ガダ体系　オロモ系民族集団がもつ年齢体系を指す。現在はボラナなど一部の地域でのみ維持されている。ボラナのガダ体系は八つの階梯と世代組から成り立つ。父親の所属する世代組から五つ後に形成される世代組に息子が加入する。かつては第三階梯で結婚しても第四階梯になるまで子どもをもつことができなかったため、第一階梯は八年間であった。現在は第三階梯で結婚すると子どもをもつことができるため、第一階梯は一六年である。（田川）

カルムィク　ロシア連邦カルムィク共和国に住む民族。オイラトの一部を構成する。（井上）

乾親　「擬制親族」を意味する中国語（gan qin）である。乾親の目的や形式は多様だが、本章でいう乾親は、自らの親族集団や家族に降りかかった不幸から子どもを守るために、一時避難措置として、血縁関係のない他集団にその子どもを名目的に帰属させるべきだ、という論理に基づく実践。乾親締結は漢人がオイラト人に対して要請するケースがほとんど。（シンジルト）

境界を無化する　多数派民族集団との婚姻を人為的に推し進めたり、少数派民族集団の母語の学習や使用を実質的に規制したりするような、集団同士の客観的ない し主観的な差異（境界）を取り除こうとする同化主義的な動向。（シンジルト）

キルギス　中央アジアのキルギス共和国を中心に、天山山脈西部一帯に暮らすテュルク系民族。日本や欧米・ロシアでは「キルギス」と称されることが慣例化しているが、厳密には「クルグズ」。（秋山）

ケシゲ　動植物や無生物など万物に遍在する「幸運」を意味するモンゴル語（kešig）。「幸運」以外に恵み、気品、幸せなどポジティブなもののみを指す。意味内容はチベット語の「ヤン」と同様。（シンジルト）

さ――

サーバルキャット　サバンナに生息する野生ネコ。空中高く跳躍でき、鳥やウサギを単独で狩猟する。（波佐間）

搾乳と去勢　搾乳と去勢は、牧畜の成立に必要な技術的条件であるとされてきた［梅棹　一九七六］。梅棹は、搾乳のために仔を母ウシから隔離して「人質」として集落にとどめおくことで、母ウシが自発的に集落に帰ってくるようにして、人による群れのコントロールを可能にしたと考えた。また去勢をすることによって、群れのなかに多数のオスをおいたまま、群れの統制を保つことができるようになったと考えた。（佃）〈［　］の文献は八頁参照〉

商品市場　商品の自由な売買によって、その商品の価格が決定される。（井上）

スーフィズム　イスラーム神秘主義を指す。中央アジア、なかんずく牧畜民におけるイスラームの普及においては、ナクシュバンディー教団をはじめ、重要な役割を果たしたことが知られている。（秋山）

雪害　雪が多量に降ることによって、家畜の種類によっては食事が困難となる。（井上）

た――

タタール　ヴォルガ川中流域を中心に、おもにロシアから中央アジアにかけて暮らすテュルク系民族。商人として活躍し、中央アジアにも進出した彼らは、新たなイスラーム潮流（ジャディード運動）の展開においても重要な貢献を果たした。（秋山）

種オス（ラクダ、ウマ）　ラクダとウマのオスは、メスと比べると気性が荒いことが多く、オスどうしで喧嘩になったりして、数少ない人手で多くのオスを飼養するのは容易なことではない。よって、群れのリーダーシップを取ることができるわずかな数の繁殖用の種オスのみ残し、若いうちに食肉にしてしまうか、去勢してしまうかの選択肢が取られることが多い。（地田）

地域分業　地域の特殊性に応じて労働を分割・専門化し、目的を達成すること。（井上）

窒息法　動物の毛で編んだ縄や皮製のベルトで家畜の口を縛り付け、気絶するまで充分な時間をかけて窒息させて、気絶後、胸骨の下部にナイフで切り込み、手を入れて心臓の肺動脈を切って（血は食用）屠る、というチベット高原牧畜地域でよくみられる屠畜方法。（シンジルト）

ツェタル　特定の家畜を屠らず売らない、その命を全うさせることを意味するチベット語（tse thar）。ツェタルされる家畜個体は、しばしば主との関係において特別視され、他よりも多くのヤンをもつとされる。ツェタル実践は、その個体のヤンの維持だけでなく、他の家畜のヤンの増加をもたらすのだ、という確信に基づいている。なお、ツェタルはオイラト語ではセテル（seter）として定着している。ツェタルの漢語訳は「放生」。（シンジルト）

定牧　稲村は、「遊牧」を水平的で自由な季節移動、「移牧」を上下の規則的な季節移動をおこなう牧畜、「定牧」は定住的な牧畜の形態であると定義している［稲村 二〇一四］。例えば、稲村が「移牧」と分類するヒマラヤ（ネパール）では、冬の間は標高二五〇〇～三〇〇〇メートルの集落近くで家畜を放牧するが、夏になると標高四〇〇〇メートル以上へ移動させる。一方、「定牧」と分類するアンデスでは、二つの居住地の直線距離は一キロ余り、標高差は約五〇メートルであるという。（佃）〈［］の文献は八頁参照〉

天山　中央ユーラシアの山系。東は中国新疆から西はキルギス共和国まで、約二五〇〇キロにわたって延びる。南北の幅は約四〇〇キロで、南ではパミール高原とタリム盆地、北ではジューンガル盆地、西ではフェルガナ盆地と接する。（秋山）

トゥルカナ人　ケニア北西部に居住する東ナイル系の言語を話す専業遊牧民。隣接する遊牧民のドドス人、カリモジョン人、ジエ人、トポサ人、ニャンガトム人と二〇〇年前まで同一集団を形成していた。（波佐間）

冬営地・夏営地　冬営地とは牧畜民が越冬のために滞在する場所を指す。冬の厳しい気候条件を乗り切るために、北風を避け、日当たりのよい場所が選ばれる。夏営地は牧畜民が夏季を過ごす場所のことであり、高原や山上にある涼しい放牧地や水の便のよい平地の川沿いに移動する。（秋山）

ドドス人　ウガンダ北東部に居住する東ナイル系の言語を話す遊牧民。半定住集落と放牧キャンプに分かれて居住し、集落では農耕も行っている。（波佐間）

な――

ニェディ　「親族の集まり」を意味するチベット語（nye 'dus）。二〇〇〇年代に入ってから、チベット高原の牧畜社会においては、数百人、場合によっては千人にも上る集まりが現れた。モンゴル国（オルギン・バヤル Ургийн баяр）や新疆そしてカザフスタン（トゥースタル・バスコス Туыстар баскосу）などの牧畜伝統の強い社会にも類似する現象がみられる。（シンジルト）

ノガイ　コーカサスに居住するテュルク系民族。ジョチ・ウルスを構成した人々の末裔とされる。（井上）

は――

バグターマラ　「受け入れられた者」を意味するオイラト語（baytayamal）。一九五〇年代までアラシャ盟のモンゴル人は盟旗制度の下で暮らす「旗人」であった。旗人との対比で漢人は「民人」と呼ばれ、彼らがモンゴル地域に移民する際、モンゴル語を話しモンゴル式名前をつけチベット仏教を信仰することが前提条件だった。旗人の戸籍に入った漢人はバグターマラとされ、バグターマラとその末裔は現在モンゴル族である。（シンジルト）

腹割き法　家畜を仰向けに寝かせ、小さいナイフで、家畜の腹部を小さく切り裂き、そこから手を入れ、横隔膜の高い位置を破って、指で心臓の肺動脈を掻き切って（血は食用）屠る、というモンゴル社会でよくみられる屠畜方法。（シンジルト）

ヒトコブラクダとフタコブラクダ　ヒトコブラクダは乳量が多いが寒さに弱く、年間平均一〇度以上でないと生きてゆけず、北緯四五度あたりがヒトコブラクダの生存限界と考えられている。フタコブラクダは寒さに強いが乳量が少ない（その分、乳の栄養価が高い）。カザフスタンでは両種が混在しており、南にいくほどヒトコブの割合が高くなる［Imamura et al. 2017］。（地田）〈［］の文献は一六五頁参照〉

泌乳メス　アフリカの乾燥地でウシは三～四歳になると妊娠し、一〇か月の妊娠期間ののち出産し、二〇か月間あまり泌乳する。一日あたり一～二リットルのミルクが得られる。（波佐間）

放血法　家畜にまだ知覚のある間に、その脊髄を切断せず、気管、食道、頸動静脈を一気に切断し、その血液を出し切って（血は廃棄）屠る、というムスリム社会で一般的に採用されている屠畜方法。（シンジルト）

放牧　年間を通した移動（季節移動）とは別に、牧畜民は毎日、日帰り放牧を行っている。それぞれの居住地をベースにして、朝、家畜とともに出発し、夕方、居住地に帰ってくる。（地田）

牧畜の範囲の制限　牧畜にはその時々によって放牧する場所を変える必要があるが、政府は管理のために移動を制限した。（井上）

や――

ヤン　動植物や無生物など万物に遍在する「幸運」を意味するチベット語（g・yang）。「幸運」以外、「吉祥、富、快楽、幸福、隆盛、深淵」といった広い意味をもつ。量の違いこそあれ、すべての家畜個体にはヤンがある。家畜の身体を売っても、そのヤンは譲らない。牧畜民はヒツジなど家畜を売る際には、必ずその毛を少し抜き取ってどこかに保存する。売られるヒツジのヤンが、ヒツジの身体とともに、買い手のほうに流れてしまわないようにするためだ。（シンジルト）

ら・わ――

レジリエンス　個人・世帯・コミュニティ・国家が、長期的なストレス・変化・不確実性に直面した際に、自らの生活のための構造や手段を前向きなかたちで適応させ、それらを改変しつつ、変化に伴うショックを吸収し、そこから回復する能力のこと。日本語では「回復力」「柔軟性」「強靭さ」など様々に翻訳される。（地田）

老人式　ボラナの言葉では「剃り落とし」と呼ばれるガダ体系の儀礼である。ガダモッジ階梯を終えた男性は、「老人」を意味するジャールサという儀礼領域に入るため、筆者が老人式と呼んでいる。（田川）

若者の牧畜離れ　収入の不安定さや労働条件の厳しさから、若者の就職先として牧畜従事者が不人気であること。（井上）

関係年表

（牧畜民関係の情報を、各執筆者からの提供に基づき編者が整理）

西暦	一般史	ユーラシア牧畜民関係（＊はそれ以外の地域）
紀元前	西アジアではBC九千年紀に牧畜、BC七千年紀に農耕が開始 BC五〇〇〇年ごろ、黄河流域で農耕開始 BC一六世紀、殷王朝成立 BC六世紀、仏教成立、ギリシアでポリス成立、スキタイが全盛期に。 BC五〇九ごろ、ローマ共和政開始 BC二二一、秦の始皇帝が中国統一	＊数千万年前、ラクダ科動物の祖先種が北アメリカで最初に出現 ＊三〇〇万年前、南米大陸が北米大陸とつながる。ラクダの祖先種がパナマ地峡を通り抜けて南下 ＊BC八〇〇〇、サハラ辺縁部でウシの家畜化 アーリヤ人西北インドへ進入を開始 ＊BC四〇〇〇、サハラ辺縁部でミルク利用の開始 ＊BC四〇〇〇年から三五〇〇年、中央アンデス付近でリャマ・アルパカが家畜化 ＊BC二五〇〇、牧畜と狩猟採集の複合生業を営むクシ系民族がケニアまで進出 ＊BC二〇〇〇、サハラ辺縁部で在来穀物の栽培化 ＊BC一〇〇〇、ケニア西部に専業牧畜民が出現 BC三世紀、匈奴、月氏、パルティア成立 BC二一四、始皇帝、万里の長城を建設 BC一六一、烏孫成立
三世紀ごろ		鮮卑成立。スキタイ文明滅ぶ
四世紀初	マヤ文明（～九世紀ごろ）	五胡の華北侵入、吐谷渾の成立
四世紀後		フン人の西進。エフタル成立
四五一		カタラウヌムの戦い
四七六	西ローマ帝国滅亡	
五五二		突厥成立
六世紀後		エフタル、ササン朝ペルシアと突厥に攻められ滅亡
六二二	ムハンマド、メディナに移住	
六三〇		ムハンマド率いる軍勢がメッカを無血開城。アラビア半島全域をほぼ支配下におさめる
六三六		ムスリム軍がヤルムークの戦いでビザンツ（東ローマ）帝国軍を破る ＊ムスリム軍がシリア、エジプトへ本格的に侵出
六六一	ウマイヤ朝の成立	
七～八世紀	ウマイヤ朝、北アフリカ、中央アジア、イベリア半島へ侵出	ソンツェン・ガンポがチベット統一、チベット仏教成立
七四四		ウイグル成立
七四九	ウマイヤ朝の滅亡。アッバース朝の成立	
七五一		タラス河畔の戦いでアッバース朝軍が唐軍と衝突
七五五	安史の乱	
七六六		ウイグル、マニ教に改宗
八四〇		キルギスがウイグルを滅ぼし、ウイグルの一部はタリム盆地に逃れて定住。カラハン朝成立。テュルク系民族のイスラーム化が進展。
九一六		遼成立
九六九		＊ファーティマ朝がエジプトへ侵出・征服 ＊新都カイロ建設
一〇〇〇		アフガニスタンを本拠地とするガズナ朝のマフムードが北インドを征服
一〇三八		西夏、セルジューク朝成立
一〇七一		マラズギルトの戦いでセルジューク朝軍がビザンツ帝国軍を破り、本格的にアナトリアへ侵出 ＊ムラービト朝が新都マラケシュ（現モロッコ）建設

一〇九六	第一回十字軍	
一一一五		金成立
一一二五		西遼成立
一一四七		*ムラービト朝の崩壊。ムワッヒド朝成立
一一六九		*サラーフアッディーン（サラディン）がアイユーブ朝をエジプト、シリアで創始
一二〇六	モンゴル帝国成立。チンギス・ハーン即位	デリー・スルタン諸王朝の成立
一二一一		モンゴル帝国、対金戦争
一二三六		ヴォルガ中流域のブルガル、モンゴル軍による征服される
一二四三		キプチャク・ハン国成立
一二五〇		マルムーク朝成立
一二五八		イル・ハン国成立。イスラーム圏での精密画が発達
一二七一	元成立	チャガタイ・ハン国成立
一二七四	文永の役	
一二七五		マルコ＝ポーロが元の都大都に至る
一二八一	弘安の役	
一四世紀初	アステカ王国成立	イブン・バットゥータ、西アジア、南ロシア、中央アジア、インドを巡り、中国に到達
一三〇〇ごろ	オスマン朝成立	
一三四七	黒死病大流行	
一三五四	イブン・バットゥータが大旅行を終える	
一三六八	明成立	元、明に攻められ滅亡
一三七〇		ティムール帝国成立。テュルク＝イスラーム文化が発達
一五世紀初		ツォンカパが宗教改革。ゲルク派が形成されモンゴル社会にも多大な影響
一四四九		土木の変
一五世紀後半	インカ帝国成立	カザフ・ハン国成立
一四九二	コロンブス、アメリカを発見	グラナダ陥落。イベリア半島におけるムスリム支配の終焉
一四九八	ヴァスコ・ダ・ガマ、インドに来航	
一五〇〇		シャイバーン朝成立
一五〇七		ティムール帝国滅亡
一五一四		チャルディラーンの戦い。オスマン軍が遊牧騎兵隊主体のイラン（サファヴィー朝）軍を打ち負かす
一五一七		*マムルーク朝滅亡。エジプトはオスマン朝の支配下へ
一五二一	コルテス、アステカ王国征服	
一五二六	ムガル帝国成立	
一五二九	オスマン朝軍第一次ウィーン包囲	
一五三三	ピサロ、インカ帝国征服	
一六世紀中		*現在のエチオピア東南部からのオロモ民族の大移動
一五五〇		アルタン・ハンによる北京包囲
一五五二		モスクワ大公イヴァン四世によるカザン・ハン国征服
一五五六	ムガル帝国第三代皇帝アクバル即位	イヴァン四世によるアストラハン・ハン国征服
一五七八		アルタン・ハンがチベット仏教ゲルク派の高僧にダライ・ラマの称号を付与
一五九八		シビル・ハン国、ロシア・コサック軍の攻撃によって、滅亡

一五九九		シャイバーン朝滅亡
一六〇〇	イギリス東インド会社設立	
一六一三	ロシア、ロマノフ朝成立	
一六一六	ヌルハチにより後金成立	
一六二八	ムガル帝国第五代皇帝シャー・ジャハーン即位	
一六三〇年代初		トルグードなどオイラト勢力、カスピ海北方の草原地帯からノガイを駆逐
一六三六	後金、清と改称	
一六四〇		オイラト法典（モンゴル・オイラト法典）制定
一六四二	ピューリタン革命	オイラト・ホシュート部のグーシ・ハーンがゲルク派と協力し、チベットを統一
一六四四		清、北京を制圧
一六四八	ウエストファリア条約	
一六五五		オイラト・トルグード部とロシアの軍事同盟成立
一六五八		アウラングゼーブがムガル帝国第六代皇帝となる
一六八二	ピョートル一世即位	
一六八三	オスマン朝軍第二次ウィーン包囲	
一六八九	清、ロシアとネルチンスク条約締結	
一七二〇		清、チベット征服
一七二三		ジューンガルによるカザフへの大規模侵攻（アクタバン・シュブルンドゥ）
一七二七	清、ロシアとキャフタ条約締結	
一七三〇		カザフのアブルハイル・ハン、ロシアへの臣属を申請
一七三二	北米に英国の一三植民地成立	
一七五七	プラッシーの戦い、イギリスによるベンガル支配開始	カザフのアブライ、清朝に朝貢
一七五八		清、ジューンガルを征服。その領土で後に（一八八四）清は新疆省を設立
一七六八	第一次ロシア・オスマン（露土）戦争	
一七七一		トルグード部を中心とするオイラト、ヴォルガ下流域を離れ、清朝に帰順
一七七一		カザフのアブライ、ハンに即位
一七七三	プガチョフの反乱	
一七七六	アメリカ独立宣言	
一七八七	第二次ロシア・オスマン（露土）戦争	
一七八九	ワシントン、初代アメリカ大統領に就任、フランス革命	
一七九六		イランでカージャール朝成立
一八〇六	第三次ロシア・オスマン（露土）戦争	
一八二一	ペルー独立	
一九世紀	ロシア帝国、カザフ侵出を進める	
一八二八	第四次ロシア・オスマン（露土）戦争	
一八三一	第一次エジプト・オスマン（トルコ）戦争	
一八三七		カザフのケネサル、反ロシア闘争（一八四七年まで）
一八三九	ギュルハネ勅令。オスマン朝におけるタンズィマート改革の開始	
一八四〇	アヘン戦争	＊エジプトの事実上の独立承認（ムハンマド・アリー朝）

一八五三	クリミア戦争勃発	
一八五五		＊テオドロス二世がエチオピア高地を統一
一八五七	インド大反乱	
一八五八	ムガル帝国滅亡、イギリスがインドの直接統治を開始	
一八六七	ロシアからアラスカ購入	ロシア帝国、トルキスタン総督府創設
一八六八	明治維新	ブハラ・アミール国がロシアの保護国に
一八六九	スエズ運河開通	
一八七三		ヒヴァ・ハン国がロシアの保護国に
一八七六		コーカンド・ハン国滅亡
一八七七	第五次ロシア・オスマン（露土）戦争	
一八七八	アブデュルハミト二世、オスマン憲法停止。専制体制へ	
一八八一	イリ条約	ギョクテペの戦いでロシアがトルクメンを粉砕
一八八二	イギリス、エジプト占領	カザフ草原の東半分、ステップ総督府（オムスク）管理下に
一八八四	清仏戦争 ベルリン会議の開催	＊ベルリン会議によりヨーロッパ列強による「アフリカ分割」が開始され、二〇世紀初頭までにほぼすべてのアフリカ地域が植民地化。スワヒリ人の率いるキャラバンが北ケニアまで初めて遠征
一八九〇年代		＊サハラ砂漠以南のアフリカにおいて牛疫が大流行し、壊滅的な被害
一九〇〇前後		＊エチオピア帝国の南方への領土拡大
一九〇一	辛丑条約	「辛丑条約」で列強に賠償金を支払うため、清は内モンゴル草原の開拓、漢人農民の流入を承認
一九〇二	日英同盟	＊ケニア植民地政府がトゥルカナに進出
一九〇四	日露戦争	
一九〇七		ブータンで東部の豪族ウゲン・ワンチュクが世襲王制を開始
一九〇八	青年トルコ革命	
一九一一	辛亥革命、清朝崩壊	外モンゴルが独立を宣言し、活仏ジェプツンダンバ八世を君主とするボグド・ハーン政権が誕生
一九一四	第一次世界大戦勃発	
一九一六	シベリア出兵	トルキスタンとカザフ草原での民衆反乱（一九一六年反乱）
一九一七	二月革命・十月革命	カザフのアラシュ・オルダ自治政府形成（〜一九二〇）
一九一九	ヴェルサイユ条約、コミンテルン結成	＊植民地政府が「部族の放牧地域」を設定し、ケニア北部は「民族」領土に分割される
一九二〇	オスマン朝、セーブル条約調印。国際連盟成立	
一九二二	ソヴィエト社会主義共和国連邦成立	
一九二三	トルコ共和国成立	ムスタファ・ケマル率いる後のトルコ共和国政府、ローザンヌ条約調印　トルコ・ギリシア間で「住民交換」
一九二四		モンゴル人民共和国成立。ソ連領中央アジアで民族・共和国境界画定
一九二九	世界恐慌	ソ連、農業の全面的集団化を開始、カザフの牧畜に甚大な被害
一九三〇年代初		東トルキスタン独立運動発生 集団化政策の結果、カザフ自治共和国で深刻な飢饉発生 ＊一九三〇年、ハイレ＝セラシエ一世がエチオピア皇帝となる
一九三二	満州国成立	
一九三三	ナチ党政権成立	
一九三五		＊イタリアがエチオピアに侵攻。一九四一年までエチオピアを統治
一九三九	第二次世界大戦勃発	ノモンハン事件。蒙古聯合自治政府成立
一九四一	太平洋戦争勃発	

一九四三～四四		対独協力の嫌疑で、チェチェン人、イングーシ人、カラチャイ人、バルカル人、カルムィク人、クリミア・タタール人などが中央アジア・シベリアへ強制移住
一九四四		東トルキスタン共和国（一九四六年まで。その運動形態は「三区革命」といわれ、一九四九年まで継続）
一九四五	アラブ諸国連盟成立	
一九四七	インド・パキスタン分離独立	内モンゴル自治区設立
一九四九	中華人民共和国成立	カザフ共和国のセミパラチンスクでソ連最初の核実験
一九五〇年代		一九五一年、中華人民共和国とチベット政府の間で「十七か条協定」締結 ＊イギリスの辺境地条例により、ウガンダ・ケニア国境のナイル牧畜民地域が閉鎖
一九五二	エジプト、王政打倒される	＊ケニア植民地支配に対する大規模抵抗運動「マウマウ団の乱」
一九五五		新疆ウイグル自治区設立
一九五六	チベット動乱（～一九五九）	スターリン批判の結果、カラチャイ人、カルムィク人、チェチェン人、イングーシ人、バルカル人の名誉回復
一九五八		寧夏回族自治区設立
一九五九	キューバ革命	ダライ・ラマ一四世がチベットを脱出し、インド北部にチベット亡命政府を樹立
一九六〇	「アフリカの年」	アラル海の縮小が始まる ＊ソマリア独立
一九六二	キューバ危機	カザフ族など約六万人が新疆ウイグル自治区からソ連カザフ共和国に集団逃亡 ＊ウガンダ独立
一九六三		＊ケニア独立。ケニア北東部で分離を求めるソマリ人による武装闘争（シフタ戦争）（一九六七年まで）
一九六五	第二次インド・パキスタン戦争勃発	チベット自治区設立
一九六六	文化大革命開始（～一九七六）	モンゴル族が主なターゲットになる「新内モンゴル人民革命党」粛清運動開始
一九七四		＊エチオピアに社会主義政権（デルグ）の誕生
一九七九	ソ連、アフガニスタンに軍事介入	カザフ共和国でドイツ自治州構想に反対するツェリノグラード事件起こる
一九八五	ソ連、ペレストロイカが開始	
一九八六		カザフ共和国でアルマトゥ事件が起こり、ソ連における民族問題の深刻さを露見
一九八九	ベルリンの壁撤去、天安門事件	カザフ共和国アルマトゥで反核集会
一九九一	ソ連解体。独立国家共同体（CIS）設立	ウズベキスタン、カザフスタン、キルギス、タジキスタン、トルクメニスタンが独立、CISに加盟 ＊エチオピア人民革命民主戦線政権の誕生
一九九二		モンゴル人民共和国がモンゴル国に改称。モンゴル文字復興の高まり
一九九三	EU発足	
一九九四		＊エチオピアは新憲法により九州からなる連邦制に移行
二〇〇〇	中国の「西部大開発」プロジェクト始動	「西部大開発」プロジェクトにより、中国西部の牧畜地域の生業形態や伝統文化が大きく変化
二〇〇一	アメリカ同時多発テロ発生	同時多発テロを受け、ケニア・ウガンダ・南スーダン国境地帯で武装解除の実施（～二〇一四）
二〇〇五		小アラル海にコクアラル堤防が建設、漁業が復活
二〇〇八		ネパール、王政廃止 ブータンで議会制民主主義を基本とする立憲君主制開始
二〇一一		＊南スーダン独立
二〇一二		＊ケニアのトゥルカナでヨーロッパ系企業が石油採掘と土地収奪を開始
二〇一三	一帯一路構想提唱	
二〇一九		＊エチオピアが繁栄党政権に移行

10　オイラト、動植物、無生物

写真 1　家畜は最大の収入源であり財産である　136
写真 2　ヒツジを売ってからそのヤンを取っておく　137
写真 3　カルシェン氏の末裔のニェディ　139
写真 4　オイラト系ウールド部族の夏営地　140
写真 5　家畜の品評会に参加する牧畜民とその家畜　140
写真 6　新疆イリ川流域は「イリ馬 Yili horse」の主産地　140
写真 7　河南蒙旗は「河曲馬 Hequ horse」の主産地　140
写真 8　品評会に参加する家畜は体長などが測定される　141
写真 9　各種の項目が測定された家畜の評価表　141
写真 10　河南蒙旗のブランド品種「ホド・ヤク」　141
写真 11　晩秋になり親と共に冬営地へ移動する牧童たち　142
写真 12　所有を表すためウマに焼印を押す牧畜民　142
写真 13　白い愛馬と孫とスマホで話す牧畜民　142
写真 14　牧畜民にとってウマに加えてスマホも重要である　142
写真 15　家畜を売った後、屠場の前で電話する牧畜民　142
写真 16　冬に備えて牧草の刈り取りに追われる牧畜民　143
写真 17　バダンジリン砂漠の中のチベット仏教寺院　143
写真 18　チベットではウマ以外、ウシ（ヤク）もよく乗る　144
写真 19　腹割き法　144
写真 20　ヤギを放血法で屠る　144
写真 21　ヒツジを窒息法で屠る　144
写真 22　ヤクの解体　144
写真 23　旧正月 8 日、ツェタル家畜を飾るリボンを配る　145
写真 24　首にリボンが付けられたツェタル・ヒツジ　145
写真 25　ツェタル・ヒツジのリボンを付け直す牧畜民親子　145
写真 26　料理屋の前に昼寝するツェタル・ヒツジ　146
写真 27　牧畜民が自ら行うツェタル儀礼　146
写真 28　冬の山を歩くツェタル・ウマとツェタル・ウシ　146
写真 29　ツェタルされた低木　146
写真 30　ツェタルされた泉　146
写真 31　若者はオボー参りする　147
写真 32　オボーなど高い場所に飾られるキーモリ　147
写真 33　ぶら下げてあるヤンの塊と戯れる子ども　147
写真 34　庭に掲げられているキーモリ　148

地図

本書で扱う社会や地域の分布図　4
天山山嶺と周辺　25
オイラト諸族西遷図（17 世紀）　32
トルコ共和国とその周辺　44
バルカン半島諸国　45
タール砂漠地域の位置　56
アラル海と周辺の湖岸線の変動と小アラル海周辺集落　65
ブータンと本章の主な舞台　75
中央アンデスと周辺　87
トルコ共和国と本章の舞台　104
ナイル遊牧民の生活圏　114
エチオピアと本章の舞台　127
ユーラシア草原におけるオイラト諸社会　137

図

ガダ体系の階梯　126
一般共生　136
限定共生　138

表

カルムィク略年表　33
家畜種別頭数　35

関係年表　152

写真 30　アルパカの毛刈り　95
写真 31　家畜品評会　96
写真 32　家畜品評会で入賞したアルパカと記念撮影　96
写真 33　一部の家畜は人と非常に親密な関係を築いている　96
写真 34　毛の運搬　96
写真 35　乾燥ジャガイモ・チューニョを作る　96
写真 36　カーニバル、キツネと水鳥を手にして　97
写真 37　カーニバル　97
写真 38　繁殖儀礼　97

コラム 2　モンゴルの乳しぼり

写真 1　西モンゴルの山岳地帯の放牧風景　99
写真 2　ヤギの乳搾り　99
写真 3　モンゴル西部の高原のウマの乳しぼり　100
写真 4　ロープを振りほどこうと必死に暴れる子ウマ　100
写真 5　鼻に木の串をさされたヤギ　100
写真 6　タイヤのチューブを鼻面にはめられたヤクの子　100
写真 7　母ヤギの頭を交互にしばり、搾乳する
写真 8　搾乳後、ロープは先端を引っぱると解ける　100
写真 9　放牧の途中でヒツジが生まれた　101
写真 10　タカにつつかれて死んだ子ヒツジ　101
写真 11　厚い「腹巻」を着せらる子ヒツジたち　101
写真 12　母ヒツジの乳を吸う子ヒツジ　101
写真 13　母の乳がすくない子ヒツジと子を亡くしたヤギ　101
写真 14　母ヤギは、子ヒツジを自分の子として受け入れた　101
写真 15　なかには自分の子を受け入れない母畜もいる　102
写真 16　谷の北側の峠の向こうに追った牡ヤクの群れ　102
写真 17　このヤギは、「まだら」なのでアラグジャー　102
写真 18　呼びかけに応答しないヤギ　102
写真 19　西モンゴルの山岳地帯の放牧風景　102

7　トルコ遊牧民ユルックの現在

写真 1　カフヴェで暇つぶしをする男たち　104
写真 2　草の茂る夏営地と家畜囲い　105
写真 3　壁際にならぶ古い穀物袋　105
写真 4　テントで出された食事　105
写真 5　パン作りの様子　105
写真 6　作り貯められたパン　105
写真 7　伝統的な製法　106
写真 8　ヤギ皮に包まれた状態で熟成されたチーズ　106
写真 9　農地の中に作られている冬営地の家畜囲い　106
写真 10　春先の出産シーン　106
写真 11　冬営地の大型ビニールハウス　106
写真 12　テント外観　108
写真 13　テント内の様子　108
写真 14　搾乳するユルック女性　109
写真 15　ヤイラに建てられた簡易固定家屋　109
写真 16　夏営地でヤギの毛を刈る兄弟　110
写真 17　平野部に並ぶビニールハウス　110
写真 18　春先の出産シーン　110
写真 19　住宅地区の空き地でヒツジの放牧をする姉妹　110
写真 20　パン作りの様子　111
写真 21　夏営地で過ごす学齢期の子どもと母親　111
写真 22　冬営地の固定家屋内で暮らすユルック男性　111
写真 23　プナル・パザルと呼ばれる夏季限定の定期市　112
写真 24　伝統的な製法　112
写真 25　エイルディル湖の夏の風景　113
写真 26　あるユルックの冬営地の住宅　113
写真 27　農地の中に作られている冬営地の家畜囲い　113

8　ナイル遊牧民のライフヒストリー

写真 1　牛群を高台から見守るロンゴロル　114
写真 2　水場へはやるウシの群れをせきとめる牧童　114
写真 3　染み出す水をくみあげ、ラクダに飲ませる女　115
写真 4　ウシを守るため自動小銃をもって放牧する　116
写真 5　略奪者の攻撃から逃れ追い立てられるウシの群れ　116
写真 6　キバシウシツツキ。ウシの体からダニをついばむ　117
写真 7　イボイノシシ　117
写真 8　国境に広がる大地溝帯の放牧地　118
写真 9　エモンを口ずさみながらウシと歩く牧童　118
写真 10　朝、放牧に出るウシたち　118
写真 11　ドドスの環状集落　118
写真 12　ヒツジ飼いの少年たちが放牧に出発する　119
写真 13　朝のラクダたち　119
写真 14　ヤギの乳をしぼる少女　120
写真 15　ラクダの乳しぼり　120
写真 16　ウシに水を飲ませる牧童　120
写真 17　小さい頃からヤギの世話をする　120
写真 18　ウシの出産を介助する牧童　120
写真 19　ウシの頸静脈に矢を射って血を抜く　120
写真 20「ヒツジの血だが、飲むかね？」　120
写真 21　ヤギの牧童　121
写真 22　放牧中にひと休み　121
写真 23　遊牧民と群れをつけ回す兵士　121
写真 24　軍のバラック横の家畜キャンプ　121
写真 25　ドドス人とトゥルカナ人の平和会議　122
写真 26　ドドス人がトゥルカナ人の友人を訪問する　122
写真 27　ウガンダ共和国カーボン県にあるマーケット　122
写真 28　エチョケイの木　123
写真 29　放牧から戻ってくるウシを眺める少年たち　123
写真 30　家畜囲いに戻るヤギとヒツジ　123
写真 31　仔ウシたちを囲いに入れる　123
写真 32　放牧地からキャンプに戻り、砂浴びするラクダ　123
写真 33　ウシの搾乳　123
写真 34　搾乳の途中、ラクダはまどろんでくる　123
写真 35　歌う若者たち　124
写真 36　ビーズを編む少女たち　124
写真 37　ダンスパーティー　124
写真 38　結婚式のダンス　125
写真 39　求婚者の青年と加勢する友人たち　125
写真 40　ヒツジの腸を「読む」　125
写真 41　ハイエナ　125
写真 42　カメレオン　125

9　エチオピア牧畜民の老いの儀礼と豊饒性

写真 1　ガダモッジ階梯を終えた〈老人〉の墓　126
写真 2　メスのカラッチャをつけたガダモッジ老人　126
写真 3　大きな容器にミルクを入れる儀礼　127
写真 4　移動して間もないガダモッジ儀礼集落　127
写真 5　ガダモッジ老人の頭髪を納める牛糞の山　127
写真 6　特別な木のもとで行うガダモッジ儀礼　128
写真 7　ガダモッジ老人の剃髪　128
写真 8　ガダモッジの頭髪を牛糞の山のなかに納める　128
写真 9　儀礼参加者と見物人で身動きが取れない状態　129
写真 10　ボラナの半定住的な集落　130
写真 11　オスのカラッチャをつけたガダモッジ老人　130
写真 12　集落のウシ囲いのなかのウシと少年　131
写真 13　ガダ階梯の儀礼　131
写真 14　ガダモッジ儀礼集落　132
写真 15　ウシ囲いの出入り口に並ぶ牛糞の山　132
写真 16　ガダモッジ儀礼における牛糞の山の作成　132
写真 17　ビールを飲みながらのガダモッジの会合　133
写真 18　ガダモッジ老人の頭髪を剃る際の、ウシの供犠　133
写真 19　ガダモッジ儀礼の女性の行列　134
写真 20　ガダモッジ儀礼の女性の行列　135
写真 21　儀礼参加者が見物人に取り囲まれた状態　135
写真 22　若者が女性の行列を取り囲み撮影　135

写真 32　ラクダと一緒に記念撮影　54
写真 33　伝統のダンスを踊る人びと　55
写真 34　アタテュルク廟　55
写真 35　アタテュルク廟内の牧畜民の絨毯を模した装飾　55

コラム 1　インド・タール砂漠の暮らしと牧畜

写真 1　牧畜中のヒツジたち　56
写真 2　ラクダで運んできた水を貯水槽に入れる様子　56
写真 3　ラクダに乗って砂漠の遊覧に向かう観光客　56
写真 4　キャメル・サファリの最終到着地点　57
写真 5　定住後もラクダを飼い続けているジョーギー　57
写真 6　定住した小屋に建てられた家畜用の囲い　57
写真 7　野営地のヤギたち　57
写真 8　ラクダの背中から見た砂丘　58
写真 9　駐車中のジープに興味津々の仔ヤギたち　58
写真 10　夜通しで賛歌をうたう儀礼　58
写真 11　野営地のそばには置かれた貨車　58
写真 12　野営中の放牧の様子　58
写真 13　生まれた仔ヤギを抱きかかえるジョーギーの女性　59
写真 14　仔ヤギに哺乳させるジョーギーの少女　59
写真 15　ラバーリーが用いるラクダの毛で編んだバッグ　59
写真 16　ラバーリーによるラクダの放牧の様子　59
写真 17　ラクダで運んできた水を貯水槽に入れる様子　60
写真 18　仔ヤギを抱えるジョーギーの少女　60

4　カザフスタン・小アラル海地域での牧畜

写真 1　小アラル海北岸の「船の墓場」　62
写真 2　ウズベキスタン領大アラル海西岸からの眺望　62
写真 3　かつてのアラリスク港　62
写真 4　ヒトコブラクダや交雑種は寒さに弱い　62
写真 5　1968 年のアクバストゥ村 CORONA 衛星画像　63
写真 6　2019 年のアクバストゥ村 Google Earth 衛星画像　63
写真 7　家畜囲いの外で交尾の順番を待つメスラクダたち　63
写真 8　家畜に所有者の印をつけるための焼きごて　64
写真 9　アクバストゥ村でのもてなし　64
写真 10　小アラル海で獲れたコイとスズキ　64
写真 11　冬季、小アラル海は全面結氷する　66
写真 12　小アラル海の夕暮れ　66
写真 13　塩が地表面に吹き出している旧湖底　67
写真 14　小アラル海の湖岸で休むラクダたち　68
写真 15　大アラル海旧湖底の放牧地にいるラクダの群　68
写真 16　屠るために村人たちがオスラクダを捕まえる　69
写真 17　アクバストゥ村の水源はこの浅井戸 1 箇所　69
写真 18　バイクでラクダを追い立てる　70
写真 19　ラクダの交尾の様子　70
写真 20　子ラクダが乳を飲む際に人もラクダ乳を拝借する　71
写真 21　アクバストゥ村のウシは総じて弱々しい　71
写真 22「船の墓場」の影で休むウマの群れ　71
写真 23　早朝、ヒツジが放牧のために集まってくる　71
写真 24　焼印で家畜（ウマ、ラクダ）の所有者を判別する　71
写真 25　アクバストゥ村東方、旧国営農場の家畜囲い　71
写真 26　小アラル海での夏季の刺し網漁　72
写真 27　シュバトはオフィシャルな饗応の場でも供される　72
写真 28　自家製のシュバト（ラクダ発酵乳）　72
写真 29　アクバストゥ村でのもてなし（羊肉ピラフ）　72
写真 30　民族楽器ドンブラを披露　72
写真 31　大アラル海側からみたコクアラル堤防　73
写真 32　カザフの大ご馳走ベシュパルマク　73
写真 33　ラクダ肉料理　73
写真 34　アラリスク市街地の真新しいモニュメント　73

5　ヒマラヤでヤクと生きる

写真 1　高地牧畜民の定住村　74
写真 2　標高 4500 メートル超の稜線に設営されたテント　74
写真 3　2 本の柱と 1 本の梁がテントを支えている　74
写真 4　ヤクのチーズ　75
写真 5　牧畜民が冬の移牧の際に立ち寄る放牧地　75
写真 6　寒冷高地はヤクたちにとって理想的な夏の餌場だ　75
写真 7　女性たちが谷川まで降りて水を運ぶ　75
写真 8　冬虫夏草採集は多くの現金収入をもたらしている　76
写真 9　森から定住村へ薪を運ぶゾとゾモ　76
写真 10　定住村を持つ牧畜民は穀物や野菜を栽培する　76
写真 11　ツァンパは辛いものと食べる　76
写真 12　積み上げられた毛織りの毛布とチベット絨毯　77
写真 13　山積みされたコメ袋と紐に吊るされた乾燥チーズ　77
写真 14　獣皮のベストを着る男性　77
写真 15　冬の放牧小屋　78
写真 16　放牧小屋の正面入り口　78
写真 17　チーズ作り　78
写真 18　放牧小屋の内部　79
写真 19　女性たちは忙しい　79
写真 20　冬の放牧地からの眺め　80
写真 21　メラとサクテンをつなぐ道　81
写真 22　夏の放牧地のヤクの群れ　81
写真 23　夕暮れの餌やり　81
写真 24　冬の放牧地　82
写真 25　風邪に効くという薬草　82
写真 26　ヤクの肉もウシの肉も乾燥させて保存　82
写真 27　水や茶で練って食べる準備ができたツァンパ　82
写真 28　農家の軒下で乾燥されるトウガラシ　82
写真 29　ウマは大切な相棒だ　83
写真 30　牧畜民の定住村に広がる麦畑　83
写真 31　民族衣装を身につけた学校帰りの少女たち　84
写真 32　男性用の毛織り物を縫い合わせる女性　84
写真 33　ヒツジもいる　85
写真 34　森からくる男性たちは獣皮のベストを着ている　85
写真 35　教科書をのぞきこむサクテンの男性たち　85

6　山と町を往還する

写真 1　囲いの中のアルパカ　86
写真 2　リャマ　86
写真 3　日帰り放牧の様子　86
写真 4　季節的な移動　86
写真 5　姉妹はイヌとともに家に戻る　87
写真 6　放牧中、家畜を見守りながら糸を紡ぐ　87
写真 7　ある日の携帯食　87
写真 8　毛の売却　88
写真 9　家畜品評会の準備　88
写真 10　生まれたばかりの仔アルパカ　88
写真 11　雪の日、家族で放牧　89
写真 12　二人がかりでアルパカの毛を刈る　89
写真 13　カーニバル、キツネを手に踊る　89
写真 14　繁殖儀礼、家畜を飾りつける　89
写真 15　標高 4800m の放牧地　90
写真 16　早朝、放牧に出るのを待つ　91
写真 17　荷を積むために集められたリャマ　91
写真 18　アルパカにはさまざまな色がある　91
写真 19　日帰り放牧を女性が担うことも多い　92
写真 20　ビクーニャ　92
写真 21　多くの家はイヌを飼っている　92
写真 22　雪の日の放牧　93
写真 23　移動の途上、イヌと人　93
写真 24　牧畜民はとても健脚である　93
写真 25　アルパカの出産　94
写真 26　仔を抱いて母アルパカを誘導する　94
写真 27　アルパカの流産した胎児　94
写真 28　毛刈りのシーズン。人を集めて一斉に刈る　95
写真 29　アルパカの毛刈り　95

収録写真一覧
（付：地図・図表）

総説：世界の牧畜から牧畜世界へ

写真　カザフ人の馬車を押し上げるオイラト人青年たち　8

フォトコラム：牧畜民の多様な世界

写真 1　東西・南北の境界をなすバダンジリン砂漠　11
写真 2　現代キルギス国家の統合のシンボル・マナス像　12
写真 3　デルベト族の女性騎馬集団　13
写真 4　薪を運ぶゾとゾモ、ヒマラヤにおける垂直移動　14
写真 5　放牧中のアンデスの女性　15
写真 6　荷駄獣であるリャマ　16
写真 7　アルパカの野生祖先種ビクーニャ　16
写真 8　ウシの出産を介助する牧童　17
写真 9　ラクダに水を飲ませる女性　18
写真 10　土地の神を祭るオボーをめぐる　19
写真 11　チベット牧畜民の屠畜の流儀　20

1　ユーラシアの心臓部、天山の山嶺から

写真 1　天山山脈　22
写真 2　峠を越えると盆地が広がる　22
写真 3　キルギス人戦士（1850 年代半ば）　23
写真 4　派遣されたカザフ人、キルギス人のリーダー　23
写真 5　キルギス人定住村落と村民（1910 年代初頭）　23
写真 6　泥煉瓦で作られたグンバズ　23
写真 7　キルギス人リーダーによって建てられたモスク　24
写真 8　大型ショッピングセンターのエントランス　24
写真 9　イリ川上流域からの天山の嶺々の眺め　26
写真 10　突厥時代の石人　26
写真 11　マナス像　26
写真 12　セミレチエ州庁のロシア人軍政官たち　27
写真 13　峠の頂上からの眺め　27
写真 14　用水路に沿って耕地がひろがる　28
写真 15　山間の村　28
写真 16　大木　28
写真 17　現在でも水資源は豊富だ　28
写真 18「スレイマンの玉座」　29
写真 19　チベット仏教寺院　29
写真 20　山上の湖畔での放牧　30
写真 21　大学の正面玄関で見かけた立て看板　30
写真 22　バザールで売られる腸詰ソーセージ　30
写真 23　幹線道路上をゆく羊群　31
写真 24　フェルトの帽子　31
写真 25　バザールの馬具屋　31

2　ウマを愛でる歴史

写真 1　アストラハン官営馬廠　32
写真 2　牧草を集めるラクダ　33
写真 3　集水施設　33
写真 4　新型ヒツジ用飼育場　33
写真 5　デルベト族の騎乗姿　34
写真 6　「カルムィク自発的編入 350 周年記念」ポスター　34
写真 7　タンクローリーで運んだ水をウシに与える　35
写真 8　親子ウマ　37
写真 9　アストラハン官営馬廠　37
写真 10　アストラハン官営馬廠　37
写真 11　牧者　37
写真 12　茶を沸かす　38
写真 13　半地下住居　38
写真 14　伝統的なカルムィク種のウマ　38
写真 15　ウマ牧場経営者の屋敷跡　38
写真 16　ソフホーズ<ウラン・マルチ>　39
写真 17　旧型ヒツジ用飼育場　39
写真 18　水飲み場にあつまるカルムィク種ラクダ　39
写真 19　農機具　39
写真 20　トルクメンのアハルテケ種ウマ　40
写真 21　カルムィク種ウシ　40
写真 22　アングロ・ドン種ウマ　40
写真 23　カバルダ種ウマの白馬で行進　40
写真 24　牧場の風景　40
写真 25　ウシの給餌施設　41
写真 26　濡れた草を食む　41
写真 27　ヒツジに水をやる　41
写真 28　手芸　41
写真 29　冬にヒツジを追う　42
写真 30　牧草の刈り取り　42
写真 31　繁殖品種見本市の子供　42
写真 32　チェルノゼムリスクからの出品者　42
写真 33　ステップのゴミ汚染は深刻である　42
写真 34　現代の牧場経営者と牧者　43
写真 35　牧場の機械類と干草飼料備蓄　43

3　牧畜民とオスマン朝、そして現代

写真 1　ソウトのエルトゥールル廟内観　44
写真 2　聖母マリアの聖燭節教会　44
写真 3　ガーズィー・ヒュセイン廟　45
写真 4　ガーズィー・ヒュセインの棺　45
写真 5　クルド語で「ドウバヤズィト市」と書かれた看板　46
写真 6　スィヴリヒサルの元教会　46
写真 7　セルチュクのラクダレスリング祭　47
写真 8　アヤ・エレナ教会博物館　48
写真 9　教会博物館入口、ギリシア文字表記のトルコ語　48
写真 10　博物館となった元教会の内観　48
写真 11　ソウトのエルトゥールル廟外観　48
写真 12　ソウトのエルトゥールル廟周囲　48
写真 13　ソウトの「テュルク」の偉大な英雄銅像群　49
写真 14　聖燭節教会の内部　49
写真 15　夏のトラキア平原　50
写真 16　ガリポリのチレハネ入口　50
写真 17　バイラクル・ババ廟　50
写真 18　クリミア戦争フランス軍戦没者慰霊碑　50
写真 19　願い事の木　51
写真 20　ガリポリの青空礼拝所　51
写真 21　ガーズィー・ヒュセイン廟からアンカラ市街　51
写真 22　アタテュルクの顔面を織り込んだ絨毯　51
写真 23　ガーズィー・ヒュセイン廟の入口　51
写真 24　イスハーク・パシャ宮殿　52
写真 25　伝統的な牧畜民の銅像　52
写真 26　現代の牧夫　53
写真 27　現代の牧夫　53
写真 28　ブユク・チェクメジェ橋　53
写真 29　セルチュクのラクダレスリング祭　54
写真 30　ラクダレスリングの観客席　54
写真 31　ヒトコブ半ラクダ　54

執筆者紹介

（本文の掲載順／＊は編者）

秋山　徹（あきやま　てつ）
早稲田大学高等研究所准教授
専攻：中央ユーラシア近現代史
主要著作に、*The Qïrghïz Baatïr and the Russian Empire: A Portrait of a Local Intermediary in Russian Central Asia* (Leiden: Brill, 2021), "Why Was Russian Direct Rule over Kyrgyz Nomads Dependent on Tribal Chieftains "Manaps"?", *Cahiers du Monde russe,* vol.56(4), 2015 など。

井上岳彦（いのうえ　たけひこ）
人間文化研究機構総合人間文化研究推進センター研究員／北海道大学スラブ・ユーラシア研究センター特任助教
専攻：ロシア近現代史
主要著作に、「遊牧から漁撈牧畜へ：定住化政策下のカルムィクについて（18 世紀後半～ 19 世紀中葉）」『地域研究』（第 20 巻第 1 号、2020 年）、*The Resurgence of "Buddhist Government": Tibetan-Mongolian Relations in the Modern World* (Osaka: Union Press, 2019)（共編著）、「ダムボ・ウリヤノフ『ブッダの予言』とロシア仏教皇帝像」『スラヴ研究』（第 63 号、2016 年）など。

岩本佳子（いわもと　けいこ）
長崎大学多文化社会学部准教授
専攻：イスラーム史、オスマン朝史、遊牧民研究
主要著作に、『帝国と遊牧民：近世オスマン朝の視座より』（京都大学学術出版会、2019 年）、「『ワクフのレアーヤー』たる遊牧民：オスマン朝における徴税権の複層化とその影響」『東洋史研究』（第 80 巻第 3 号、2021 年）、「『スルタン』から『パーディシャー』へ：オスマン朝公文書における君主呼称の変遷をめぐる一考察」『イスラム世界』（第 88 号、2017 年）など。

中野歩美（なかの　あゆみ）
関西学院大学先端社会研究所
専攻：文化人類学、南アジア地域研究
主要著作に、「複数の生活拠点をつくること：インド北西部の移動民と『定住』実践」三尾稔編『南アジアの新しい波　上巻』（昭和堂、2022 年）、『砂漠のノマド：カースト社会の周縁を生きるジョーギーの民族誌』（法藏館、2020 年）、「北インドにおける婚資婚再考：ラージャスターン州西部に暮らすジョーギーの婚姻関係を事例に」『国立民族学博物館研究報告』（42 巻 3 号、2018 年）など。

地田徹朗（ちだ　てつろう）
名古屋外国語大学世界共生学部准教授
専攻：ソ連史、中央アジア地域研究
主要著作に、『牧畜を人文学する』（シンジルト・地田徹朗編、名古屋外国語大学出版会、2021 年）、「ペレストロイカと環境問題：『アラル海問題』をめぐるポリティクス」『国際政治』（第 201 号、2020 年）、「全面的集団化前夜のカザフ人牧畜民（1928 年）：『バイ』の排除政策と牧畜民社会」『地域研究』（第 20 巻第 1 号、2020 年）など。

宮本万里（みやもと　まり）
慶應義塾大学商学部准教授
専攻：政治人類学、環境人類学、南アジア地域研究
主要著作に、「ネップ関係からみるブータンの高地牧畜民社会とその変容：北部国境防衛と定住化の狭間で」『地域研究』（第 20 巻第 1 号、2020 年）、「現代ブータンのデモクラシーにみる宗教と王権：一元的なアイデンティティへの排他的な帰属へ向けて」、名和克郎編著『体制転換期ネパールにおける「包摂」の諸相：言説政治・社会実践・生活世界』（三元社、2017 年）、『自然保護をめぐる文化の政治：ブータン牧畜民の生活・信仰・環境政策』（風響社、2009 年）など。

佃　麻美（つくだ　あさみ）
同志社女子大学研究支援員
専攻：文化人類学、アンデス牧畜研究
主要著作に、「アンデス牧畜におけるアルパカの日帰り放牧と母子関係への介入」『動物考古学』（34 号、2017 年）、「中央アンデス高地ペルーにおけるアルパカの「遺伝的改良」と種畜の取引」『年報人類学研究』（4 号、2014 年）、「僥倖と失敗」佐藤知久他編『世界の手触り：フィールド哲学入門』（ナカニシヤ出版、2015 年）など。

上村　明（かみむら　あきら）
東京外国語大学大学院総合国際学研究院研究員
専攻：文化人類学、内陸アジア地域研究
主要著作に、"Pastoral Mobility and Pastureland Possession in Mongolia" In: N. Yamamura et al. (eds.) *The Mongolian Ecosystem Network: Environmental Issues Under Climate and Social Changes* (Springer, 2012); *Landscapes Reflected in Old Mongolian Maps* (co-authored with H. Futaki) (Tokyo University of Foreign Studies, 2005) など。

田村うらら（たむら　うらら）
金沢大学人間社会研究域准教授
専攻：人類学
主要著作に、『トルコ絨毯が織りなす社会生活：グローバルに流通するモノをめぐる民族誌』（世界思想社、2013 年）、「トルコの定期市における売り手 - 買い手関係：顧客関係の固定化をめぐって」『文化人類学』（第 74 巻 1 号 : pp.48-72. 2009 年）、"Patchworking Tradition: The Trends of Fashionable Carpets from Turkey" In Ayami NAKATANI ed. *Fashionable Traditions* (Lexington Books: NY: pp.253-270, Ulara TAMURA 2020) など。

波佐間逸博（はざま　いつひろ）
東洋大学社会学部教授
専攻：人類学、アフリカ地域研究
主要著作に、Citizenship, Resistance and Animals: Karamoja Region Pastoralists' Resilience against State Violence in Uganda. *Nomadic Peoples* (Vol. 25 No. 2, 2021)、「敵の命を助ける：東アフリカ牧畜民の共生論理」『地域研究』（20 巻 1 号、2020 年）、『牧畜世界の共生論理：カリモジョンとドドスの民族誌』（京都大学学術出版会、2015 年）など。

田川　玄（たがわ　げん）
広島市立大学国際学部教授
専攻：文化人類学
主要著作に、「エチオピアの牧畜民は農耕民になるのか？　国家と生業」シンジルト・地田徹朗編『牧畜を人文学する』（名古屋外国語大学出版会、2021 年）、「老いの祝福：南部エチオピアの牧畜民ボラナ社会の年齢体系」田川玄・慶田勝彦・花渕馨也編『アフリカの老人：老いの制度と力をめぐる民族誌』（九州大学出版会、2016 年）、「福因と災因：ボラナ・オロモの宗教概念と実践」石原美奈子編『せめぎあう宗教と国家：エチオピア　神々の相克と共生』（風響社、2014 年）など。

シンジルト（Chimedyn Shinjilt）＊
熊本大学大学院人文社会科学研究部
専攻：社会人類学、内陸アジア地域研究
主要著作に、『オイラトの民族誌：内陸アジア牧畜社会におけるエコロジーとエスニシティ』（明石書店、2021 年）、『牧畜を人文学する』（シンジルト・地田徹朗編、名古屋外国語大学出版会、2021 年）、『民族の語りの文法：中国青海省モンゴル族の日常・紛争・教育』（風響社、2003 年）など。

おわりに

本書は科研「牧畜社会におけるエスニシティとエコロジーの相関」（EE科研）の研究成果の一部であり、JSPS科研費JP17H04538の助成を受けている。EE科研は、人間集団同士のエスニックな関係と、人間と自然のエコロジカルな関係とが、牧畜社会においていかに規定しあっているかを人類学と歴史学的な側面から解明しつつ、非西洋的な共存論理を提示することを目指してきた。

5年間、我々は海外調査に加えて国内でも以下のように毎年研究会を重ねてきた。

2017年度研究会、6月24日～25日、慶應義塾大学
2018年度研究会、6月23日～24日、金沢大学
2019年度研究会、5月11日～12日、東京外国語大学
2020年度研究会、6月06日～07日、大阪教育大学（オンライン）
2021年度研究会、7月24日、熊本大学（オンライン）

研究会には外部講師として専門家を招聘し、基調報告をしていただいたり、コメンテーターを務めていただいたりしたことで、研究が一層促進された。参加してくださった、佐川徹氏（慶応義塾大学）、松井健氏（東京大学名誉教授）、坂井弘紀氏（和光大学）、楠和樹氏（京都大学）、中野歩美氏（関西学院大学）、秋山徹氏（早稲田大学）、岩本佳子氏（長崎大学）、宮本佳和氏（国立民族学博物館）に深謝申し上げます。

この過程で3つの成果物を刊行した。(1) 雑誌『地域研究』（2020、第20巻第1号）における特集「牧畜社会における集団観の時空間分析」。(2) シンジルト（2021）『オイラトの民族誌：内陸アジア牧畜社会におけるエコロジーとエスニシティ』明石書店。(3) シンジルト・地田徹朗編（2021）『牧畜を人文学する』名古屋外国語大学出版会。以上の3つである。

本書はEE科研の4つ目の成果物になる。これまでの経験を踏まえ、我々は歴史学的なアプローチを強化し、ユーラシア以外の地域にも着目し牧畜の多様性を重視した。オスマン朝史研究の岩本佳子氏と中央ユーラシア近現代史研究の秋山徹氏、南アジアの移動民研究の中野氏とアンデス牧畜研究の佃氏、そして東アフリカ牧畜研究の田川氏に本書の執筆陣に加わっていただいた。5名のご参加によって、研究アプローチと地域的なバランスが改善され、「牧畜世界」を全体的に描くことができた。

本書はEE科研の社会貢献の一環である。だが、写真を通して自らの研究を表現した経験は執筆者12人の誰にもなかった。それを可能にしたのは、それぞれのフィールドで撮影に快く応じ、インタビューに協力下さった方々、また、時に研究会のコメンテーターまで務め、我々の作業を力強く後押しし、アイデアを出し続けてくださった風響社・社長石井雅氏の存在である。お世話になった全てのみなさんに重ねてお礼申し上げたい。（シンジルト）

目でみる牧畜世界：21世紀の地球で共生を探る

2022年2月10日　印刷
2022年2月20日　発行

編　者　シンジルト
発行者　石 井　雅
発行所　株式会社　風響社
東京都北区田端 4-14-9（〒 114-0014）
TEL 03(3828)9249　振替 00110-0-553554
印刷　モリモト印刷
装丁＋レイアウト：オーバードライブ・前田幸江
地図：ささやめぐみ

Printed in Japan 2022 ©　ISBN978- 4-89489-310-8 C1039

風響社